设计师的

系统思维

DESIGNERS'
SYSTEMS THINKING

梁颖 武润军 许迎春 王可◎著

机械工业出版社
CHINA MACHINE PRESS

本书主要介绍了系统思维相关的基础知识，以及这些知识在产品设计、设计管理中的运用。本书内容分为三个部分：知识基础、灵活运用和精神实质。知识基础部分主要从设计师的角度阐述了系统思维相关的理论基础。灵活运用部分主要以互联网行业、产品与服务行业为视角，阐述了系统思维运用的三个层面——产品服务生态系统、概念模型和信息架构。精神实质部分主要介绍了系统性的设计管理的方式、方法，以及上升到精神层面的设计师的宣言。

本书适用于有一定设计理论基础的设计师、产品经理、设计管理者、企业高管、创业人员，以及在校的相关专业师生们。

图书在版编目（CIP）数据

设计师的系统思维／梁颖等著. —北京：机械
工业出版社，2019.9（2022.1重印）
ISBN 978－7－111－63551－2

Ⅰ. ①设… Ⅱ. ①梁… Ⅲ. ①设计-系统思维
Ⅳ. ①TB21

中国版本图书馆 CIP 数据核字（2019）第 182107 号

机械工业出版社（北京市百万庄大街22号 邮政编码100037）
策划编辑：饶 薇 徐 强 责任编辑：饶 薇 徐 强 马倩雯
责任校对：梁 倩 王 延 封面设计：张文贵
责任印制：张 博
三河市国英印务有限公司印刷

2022 年 1 月第 1 版第 4 次印刷
170mm×230mm · 19 印张 · 215 千字
标准书号：ISBN 978－7－111－63551－2
定价：69.00 元

电话服务　　　　　　　网络服务
客服电话：010－88361066　机 工 官 网：www.cmpbook.com
　　　　　010－88379833　机 工 官 博：weibo.com/cmp1952
　　　　　010－68326294　金 书 网：www.golden-book.com
封底无防伪标均为盗版　机工教育服务网：www.cmpedu.com

系统思维是一种顶层思维，在我们强调 Top-Down（自上而下）的时候，就需要有从整到零的逻辑思维能力，这样的能力是设计工作中的必备能力。从创新思维而言，系统思维能够让创新的源泉更加丰富，也会避免偏颇。《设计师的系统思维》正好为大家提供了这样的理论基础，而且在设计方法上也给出了明确的指导。

系统是"牵一发动全身"的，当我们在欣喜某方面的高速增长时，必须要谨慎审视在其他方面的潜在风险。系统思维能够有效维持整体的健康生长，平衡不同方面的利弊。这样的考虑也是高阶设计师、设计管理人才需要具备的思维能力。当我们面向一个机会点，需要着手进行挖掘的时候，需要考虑长远的均衡发展的时候，请大家拿起《设计师的系统思维》这本书，它一定可以给你启发。

——华为终端 UX 创新产品设计总监　郝华奇

设计就像红酒，只有知其理，品其味，才更有味。《设计师的系统思维》就是这样一本书，让设计回味无穷。

——Rokid 首席设计师，前 Google 设计主管　姜公略

今天无论是做产品设计、服务设计还是体验设计，都需要有系统思维，从系统的角度来看待问题、梳理关系和展开设计，这本书为我们打开了一扇设计的系统思维之门，推荐阅读。

——锐捷网络智慧教室事业部总经理　蒙亮

设计的边界在不断被打破。平面设计、工业设计、视觉传达设计、数字设计、交互设计、用户体验设计以及服务设计等等，一个个设计新名词及岗位涌现。而设计所面临的问题和涉及的领域也越来越复杂。系统思维有助于设计师抽丝剥茧，洞察真问题；也有助于梳理及平衡各方利益关系，提供系统化解决方案。这，对于当前处于错综复杂的社会生产、消费及竞争环境下的设计尤为重要。很难得看到一本能够从设计角度谈系统思维的书籍，望更多人关注并积极实践。

——金蝶首席用户体验官，UXPA 中国副主席，
用户体验创新平台 UXDA 及好体验奖 GXA 发起人　钟承东

接到梁颖的邀请，为他们的新著《设计师的系统思维》写一个序，我倍感荣幸，欣欣然应允了。在仔细拜读完这本著作之后，我顿感压力和贸然，才知道自己腹中无墨水是多么的可怕。

从系统出发，站在系统层面进行思考和设计，是设计师应该具备的基本素质，无论是工业设计、产品设计领域，还是用户体验设计、服务设计等领域。

在设计界，以用户为中心的设计思想一直深入人心。但是也有不同的见解，从大的方面来说，人的欲望是无尽的，永远也无法满足。正因为有了"人"的存在，自然界所遭受的各种破坏、污染等，才会层出不穷。因此，有人提出，设计应该从"以人为本"的思想转向"以地球为本"，将"人、行星、利益"等进行综合考虑，着眼于可持续设计的标准规范，衡量可持续设计的全球性。回过头来看，这与人机系统设计的思想又有某种意义上的契合。人机系统是由相互作用、相互依赖的"人 – 机 – 环境"三要素组成的具有特定功能的复杂集合体，强调"人 – 机 – 环境"的协调发展，平衡各方的"利益点"。

再远一点，系统思想源远流长，但作为一门科学的系统论，人们公认是美籍奥地利人、理论生物学家贝塔朗菲（L. V. Bertalanffy）创立的。他在1932年发表了"抗体系统论"，提出了系统论的思想；1937年提出了一般系统论原理，奠定了这门科学的理论基础。确立这门科学学术地位的是1968年贝塔朗菲发表的专著《一般系统理论：基础、发展和应用》

(*General System Theory: Foundations, Development, Applications*），这本书被公认为这门学科的代表作。1978 年 9 月 27 日，钱学森的一篇理论文章——《组织管理的技术：系统工程》问世，由此而创立了"系统工程中国学派"。几十年过去了，系统工程作为一门科学，形成了有巨大韧性的学术藤蔓，蜚声世界。《设计师的系统思维》，也遵循了这一理论。

系统思维是一个庞大的知识体系，包含了产品服务生态学、概念模型、心智模型、信息架构、控制论等方面的知识。本书提出了生态系统的概念，包括生物界生态系统、商业生态系统、数字生态系统、互联网生态系统和产品服务生态系统等，比以前单纯的产品服务系统更加深邃和广阔，她将创造全新的企业生态，即企业全接触的连续性与一致性。

本书将一些深邃、晦涩难懂的道理，通过通俗易懂的语言和案例讲述出来，娓娓道来，大道至简，自然、清新、亲切，就像邻家美丽的女孩在讲故事一样。系统思维有助于我们发现问题的本质，看到事物的多种可能性，从而更好地管理、适应复杂挑战，把握新的机会。系统思维将更好地为各方创造价值，增加期望和满意度。

目前，设计领域的著作已经很多了，但"崇洋"的成分占了大多数。我一直主张，在引进、消化吸收的基础上，我们应该发表自己的观点和主张，建立自己的话语体系和学派。"守匠心，致创新"，增强设计自信，哪怕是一点点的进步，也是非常值得推崇和肯定的。格物致知，守正创新，既要有开物前民的创新观，也要有永远锐意进取的上进心，这是我们这一代人的使命。

设计行业，既要有深厚的理论基础，又要具备娴熟的设计技能，还应该具备聪慧的商业思维。形上谓道，形下谓器。"由理入道"与"由技入道"并重，通过"设计之技→设计之道→设计之力"为社会做出贡献。《设计师的系统思维》，编著者们从自身的理解与经历出发，理论结合实践，从"知识基础→灵活运用→精神实质"三个层面，由浅入深，逐步升华，值得一读和借鉴！

是为序，念之于心，自勉，共勉！

中国工业设计协会用户体验产业分会理事长
中国人工智能学会理事、智能创意与数字艺术专业委员会秘书长　**罗仕鉴**
浙江大学教授、博导

系统思维是一种系统化的思维模式，本书中提到其核心要义是：从系统整体出发，着眼于系统内部各要素之间的连接和相互作用，从整体上去认识局部，再综合到整体。不同于其他设计相关书籍着重于理论与工具的知识性内容，本书注重思维层面的开启。如同书中所述，"系统思维其实就是一种观念和意识，做设计决策时要从系统的角度来观察思考，运用系统思维的方法将各项事物有序地组织起来。运用系统思维，可以让我们做起事情来更有效率，更事半功倍。"

对设计师与技术开发人员而言，拥有系统思维可以深入理解产品与服务的目标与目的，而不仅仅是按照产品经理提出的要求，片面地去做细节设计与程序开发，这样的结果往往会导致产品需求的不断修改和增删、设计师与技术人员的重复工作以及人力与时间成本的浪费。

对产品经理而言，拥有系统思维可以帮助自己深入挖掘每个需求，定义出全局观与目标，再分解系统内各要素的连接与交互，并将全面的需求提案同项目团队人员沟通，确保团队的目标与认知一致，减少错误率并提高效率。

对管理者而言，管理也是一个系统，而拥有系统思维可以协助他们管理不同事务相互的关系与连接，并以系统化与全面性的角度考虑和解决问题。

对于决策者而言，系统思维更是影响企业成败的重要因素，以全局观去探讨企业价值，并将整体目标拆解成一个个可以执行的项目，同时辅以充分的沟通，帮助企业永续发展。

中国用户体验行业经过了 10 多年的发展，经历了缓慢的认识期、布道期、传播期、应用期，直到全部爆发渗透各行各业，《设计师的系统思维》这本书的出现，正好体现了用户体验的发展——由早期的认识与定位，到中期的各种理论与工具的知识性传播，到现阶段走向思维层面。我们可以看到的是，用户体验由原先的模糊的定位，发展出具有系统的专业学科，再渐渐转变为人人都需具备的思维能力。

本书的论述与观点和 UXPA 中国（User Experience Professionals' Association China，中国用户体验行业协会）在 2018 年用户友好大会（User Friendly 2018）上对用户体验行业趋势分析的一些观点不谋而合。这里也再次分享一下 UXPA 中国针对用户体验行业趋势的三个观点。

从以往的知识层面和工具渐渐变成一种思维模式。 以往人们对交互设计和用户体验领域的认识只是停留在知识和理论的层面，但渐渐地这些会变成一种思维方式。在产品开发与设计的过程中，不论是产品经理、技术开发者还是管理者都需要具备这样的思维模式，用以用户为中心的理念来思考问题并决策。

从垂直领域的专业学科转型为一种基本学科。 以往用户体验的理论基础和执行工具将不会专属于某个职位，而是会成为产品开发过程中所有人都具备的基本技能。

用户体验从业人员的发展发生了变化。 这部分人群因为对人性需求有着更敏锐的观察力，他们会结合前沿科技，向更前沿的方向移动。这部分人群可能会走进管理层或去创业，接触到商业和战略层面，而并非只是单纯的设计与产品层面。

UXPA 中国 16 年来致力于引领中国用户体验行业的发展，16 年来组织多种线下活动，一点一滴地凝聚从事用户体验行业的不同人群，我们呼吁有更多热爱用户体验的同好一起为中国用户体验行业下一个阶段的发展做一些有意义的事情，如同本书最后一个章节提及的"阅读这本书不仅仅是为了学习知识，更是为了一同为知识的发展做出贡献"。

UXPA 中国主席　刘怡君

为什么系统思维是设计的未来？

在过去的 30 年间，设计实践发生了巨大的变化。有一些变化是由于设计师采用了新的技术手段——新的工具、新的媒体和新的材料。由于新技术带来的改变持续不断地渗透于我们的个人生活中、商业世界中，以及更广大的社会系统中——陆续成为设计师所设计的"东西"。总之，这些变化构成了一个新的"空间"，在这个空间中完成设计工作（这是一个新的设计实践的环境）——甚至是一个新的设计实践（一个新的职业）。对这样新的设计实践领域的定义性特征，或许正是对系统的关注。

在 20 世纪的绝大多数时间里，设计师主要关注产品和信息。从 20 世纪 80 年代开始，许多设计师开始将个人计算机作为生产工具——用于创建"工作图纸"、生产艺术品和其他制造规范——从而减少时间和成本，实现更频繁的迭代，并提高品质。**这些数字生产工具需要系统思维，当它们支持更大的设计系统时，效率最高。**

20 世纪 90 年代中期，许多设计师已经开始认识到计算机不仅仅是产品和信息设计的补充工具，计算机也为交流提供了一系列新的媒体。这些新媒体是超文本、电影和模拟的互动混合体——能够以新的方式讲述故事、整理论点和解释世界。他们从电子游戏、多媒体实验和网页开始，并不断成长和发展。**数字媒体依赖于内容管理系统和其他平台，"为（for）"他们设计和"与（with）"他们设计都需要系统思维。**

2000 年开始，互联网成为一个提供应用程序的平台。随着 2007 年 iPhone（及其竞争产品）的推出，"应用程序"激增。计算机——微处理器及其运行的软件程序——提供了创造新型"智能"产品的潜力。软件及其支持的服务正在成为一种设计材料。**软件设计——交互设计或"UX"——以及服务设计越来越涉及系统设计，这又需要系统思维。**

同一时期，设计项目的性质也发生了变化。工业时代的旧模式已被信息时代的新模式所取代。曾经以单独交易方式销售的产品现在通过服务交付，从而在消费者和生产商之间建立持续的关系。曾经孤立的"销售点"现在是系统里互相连接的"接触点"。曾经"孤立"的产品，现在越来越智能、互联和有感知力的——感知它们周围的环境并与云中的系统共享数据。与此同时大多数产品都可以被当作独立的角色进行管理，产品经理和设计师现在必须从产品服务生态的角度来考虑——相互关联的产品和服务系统，每个系统都依赖于其他系统。**这些"系统的系统"是一种新的设计材料。**

更重要的是，除了上述影响日常设计实践的诸多问题外，我们还需要设计师解决我们社会所面临的"吊诡问题（wicked problems）"（相互关联问题纠结所带来的现存威胁，对于这些问题既没有明确的解决方案，也没在定义问题情况上达成一致），例如，气候变化、收入和资源消耗的不均衡，以及许多其他社会公平问题。**吊诡问题不能孤立地解决，必须从"整个系统"的角度来看待，这些问题需要懂得系统的设计师。**

麻省理工学院媒体实验室主任伊藤穰一(Joi Ito)很好地总结了这个不断变化着的设计实践世界，"设计也从物理和非物质对象的设计，到系统的设计，再到复杂的自适应系统的设计。这种进化正在改变设计师的角色，他们不再是中心规划者，而是存在于系统中的参与者。这是一个基本的转变——需要一套新的价值观。"它还需要一种新的设计方法——一种将系统思维引入设计实践，并将语言、模式和模型从系统理论融入设计论述的方法。

本文的合著者梁颖、武润军、许迎春和王可为设计师们撰写了一篇非常有用的系统思维导论，以应对上述不断变化的设计实践世界，推荐阅读。

美国苹果公司前创意总监
美国加州艺术学院兼职教授　休·杜伯里
美国网景公司前设计副总裁

　　我时常在回忆和思考这一套理论是如何在我的脑海中生根发芽的。还记得在浙江大学读工业设计时我就读了德内拉·梅多斯（Donella H. Meadows）的《系统之美》一书，当时就被里面关于系统的知识深深吸引，后来杨颖老师建议我去做一个关于思维脑图的软件，在做这个项目的过程中我对思维层面的系统知识有了进一步的了解和思考。罗仕鉴老师在我的脑海中深深地植入了用户体验设计、服务设计的理念，他的国际视野让我在当时就有机会接触国际领先的设计理念。可以说，德内拉·梅多斯、杨老师和罗老师就是我在大学期间的导师和思想领袖。后来在华为工作期间我负责了车机的项目，在这个项目中我进一步体会到系统思维在设计中的重要性。因为软件产品非常复杂，如果设计师自己都没有清晰的思路又怎么能让用户清楚地明白你所设计的产品呢？这个过程可以说是图1所示的案例研究的过程。

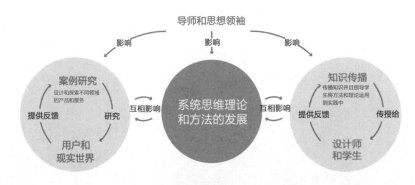

图 1　系统思维理论和方法的发展

后来我到了美国加州艺术学院（California College of the Arts, 简称CCA）结识了休 · 杜伯里（Hugh Dubberly）老师，他为我打开了系统思维的崭新大门。为了感谢他的指导和支持，我把我写的 *Systematic Modeling*（这本书是我的毕业论文）给他寄了一本。回国之前，一次偶然的机会我去他办公室找他，因为要回国了，我提议说："能和您合张影吗？但是出来的时候太匆忙了忘记带我写的书了，不知道之前寄给您的那本还在吗？"他说："当然啦。"然后就看见他从他的书架上拿下了我寄给他的那本书，甚至他还把我写在信封上的地址等联系信息仔细地剪下来夹在书里面，然后他对我说："You should sign on your book."（你应该在你写的书上签上你的名字）我当时非常感动，他是那么珍惜和尊重一名学生的劳动成果，这就是图 2 所示照片的由来。

Hugh Dubberly
20世纪80年代末到20世纪90年代初工作于苹果公司

梁颖和Hugh Dubberly
2014—2016年在Dubberly老师的指导下我完成了关于系统性思维论文的撰写

签名海报
Dubberly办公室摆放着当年他从苹果公司离职时同事给他的签名海报

图 2 梁颖与休 · 杜伯里

在 Hugh Dubberly 和我的毕业论文导师斯科特 · 米纳曼（Scott Minneman）的指导下，围绕系统知识和方法论，我做了大量的案例研究和用户调研。可以说这个过程奠定了本书的理论和实践基础。

但是，有一个重要的部分一直没有涉及。在我的毕业论文快要结束时，斯科特曾对我说："你的毕业论文需要交给设计师并且听取他们的反馈才算完整。" 在旧金山有一次这样的机会让我尝试传播我所研究的理论。在毕业设计展上 AKQA 的设计主管看到了我的毕业设计，并且将我摆放在展台上的三折页传单带回了公司（我在传单上写上了我的联系方式）。 后来，他们公司的秘书联系我到他们公司去做了交流和沟通，并且让我讲述我研究的这一套设计理论。

回国后我进入了网龙网络公司（后文简称网龙），当时面试我的是网龙北京分处的武哥（本书的作者之一武润军），他对我说："当我看到你的简历时我非常高兴，我们可能需要你过来授课。" 没想到老天给我安排了一份这么适合我的工作。在网龙我就开始思考如何让其他设计师也能够充分理解我研究的这套理论，如何在讲课的过程中以更加吸引人的方式来传授知识。这正是斯科特留给我的未完成的作业。

案例研究和知识的传播是两种完全不同的状态，也需要完全不同的思考方式。案例研究是理论的实践过程，也是假设的验证过程。我会根据我特别感兴趣的小知识点进行深挖，而与这个小知识点相关的很多知识点我只是略知一二，就像天上的星星点点，有些明晰一些，有些昏暗一些。而给别人讲授知识，尤其是给那些比我工作时间更久的设计师们传授知识，就需要具有非常扎实的理论基础。因此，我准备课程的过程实际上也是再次学习的过程。

刚开始上课和我刚开始写文章的感觉一样，只是想着如何将这些知识直白地表达出来。但是成效并不理想：除了少数的几个同学，绝大多数的同学都没有听明白，觉得理论性太强了。许迎春和王可反复地提醒我要让文字和课程变得更加有趣。"有趣"——这不正是用户体验的一个重要考虑因素吗？ 是啊，传递知识和做设计也是非常相似的——都是在创造一种体验。就像 DOS 系统和苹果系统之间的区别：有些时候都具有同样的功能，但是人们就是觉得另外一个更加容易接受。这个跟烹饪也是极其相似的，粗制滥造的食物和精美可口的食物同样能使人填饱肚子，但是哪一个更能产生美好的体验呢？有一次许迎春转发给我一篇文章，我读完那篇文章之后顿时感觉它就像是一个经过了精心设计的蛋糕，而我的文章就像是急着给人填饱肚子的压缩饼干。写书的过程也是我文字烹饪功底慢慢提高的一个过程。

在这一年多的授课过程中，经常会有设计师提出各种我一时不知道如何回答的问题，有时我会发邮件给休·杜伯里老师，向他请教这些问题，每次他的回复都很仔细，也很详尽，有时回复的文字甚至是我邮件的两倍。我非常感谢他，他如此认真地回复来自大洋彼岸的一位曾经的学生。

经常看到有人反复强调自己的理论是原创的，实际上在我看来并没有完全的"原创"。就连科学家的研究发现都被称为 discovery（发现），那个被发现的东西它一直在那里，只是上面有一个 cover（覆盖物）把它遮掩住了，科学家做的就是要把这个覆盖物拿开。设计理论也是一样的，这些理论都有它的渊源，只是不同的人对这些理论以及运用方法有不同的理解。

系统思维以往都是在金融和管理领域被提及和运用，在设计和产品领域很少被提及，尤其是中国的产品领域很少有人对系统知识有充分的介绍。因此我将我学到的知识、工作和项目中的体会以及授课中的经验相结合，构建了一个更加系统的知识架构，并且将系统知识以产品负责人和设计师的视角来分享给大家。同时，结合了中国的时代背景和文化背景，加入了大量的案例力争让读者能够充分地理解和吸收。

在经过了一系列的课程和培训之后，已经有不少的设计师可以用更加系统的角度去思考问题，可以在项目中运用系统地图，并且经常会有设计师对我说："我感觉你介绍的这些理论知识非常有用。" 对此我感到非常欣慰。

在这一年的过程中，我对这些理论进行了进一步的锤炼。这也为本书的撰写打下了扎实的基础。

我希望在国内可以有更多的设计师和产品负责人能够了解系统思维，运用系统思维，并且能够提出宝贵的意见和建议来促进知识的发展。这也是我和其他几位作者撰写本书的初衷。

曾经有人说过这样一句话："你读书不能单单读内容，还要读作者的动机，如果你不知道这本书的动机，你永远也读不懂这本书。"我们写这本书的过程，也是对自己的动机进行管理和不断归正的过程。

参与本书撰写的一共有四位作者，除了我以外还有武润军、许迎春、王可。我负责本书大部分内容的撰写，但是我的经历和认知也是有局限的，因此我邀请他们一同撰写。武润军负责第八章设计管理部分的撰写，他有非常丰富的设计管理经验，而系统思维对任何管理者来说都是非常重要的。对于设计师更是如此，因为设计工作中蕴含了很多管理的工作，现在很少有设计师是孤军奋战的。其次，随着设计经验的积累、职级的提高，设计管理的比重也会越来越大。许迎春负责本书中一些案例的撰写，她有着非常敏锐的信息捕捉能力和学习理解能力，有时我谈到了一个点，她总能想到一个面。为了让本书更加通俗易懂，她加入了许多贴近大家生活的案例，可以让大家更好地理解书中的理论知识。她对互联网行业有着敏锐的嗅觉，在产品服务生态系统方面有许多自己的见解。王可具有丰富的平面设计和界面设计经验，对于视觉的把控十分敏锐，对于设计师来说，对于视觉系统的把控也是非常重要和必要的，这是我们的基本功，因此，他负责撰写本书第七章视觉系统的部分。

在整个撰写过程中，我们力求写的每一句话和每一个字都是对读者有益的，都是有利于大家成长的。这就是我们撰写本书的动机。

梁颖

2019 年 6 月

目　录　CONTENTS

知识基础 第 一 部 分 PART ONE

01 设计师应掌握系统思维 / 002

02 系统的基础知识 / 016

03 常见的系统模型 / 044

灵活运用 第 二 部 分
PART TWO

精神实质 第 三 部 分
PART THREE

PART ONE

知识基础

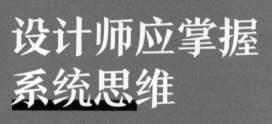

01

设计师应掌握系统思维

所有人都是设计师。我们所做的所有事情,几乎每时每刻,都是设计,因为设计对于人类活动来说是最基础的。

—— 维克多·帕帕奈克
(Victor Papanek)

你是否有注意过：

在工作中，总感觉初期接到的需求很小很简单，而越做发现越庞大越复杂，最后不仅未能如期交付，还背了大黑锅。

在开会时，总感觉会议冗长而低效，大家经常为了会议中的某一个点争论不休，导致会议未能达到预期的效果，还浪费了时间。

在做决策时，人们往往倾向于在可选择的方案或结论中做选择，然而结果常常要付出惨痛的代价。

在生活上，每天也是早出晚归，忙忙碌碌，一天又一天，然后突然发现一年又过去了，可是回过头来发现这一年的收获寥寥无几，甚至有的时候都记不清自己都做过了什么……

以上种种，你是不是都或多或少经历过？ 其实我也是一样的，于是我开始思考产生这些问题的原因。 有人说一本好书会打开你一个未被开发的思维处女地。 而偶遇一个高人同样会有此效应。 当你找到未知领域的切入点之后，就要努力打开和耕耘这片土地，不断地填充与迭代，让其进化为一个成熟的系统性思维。

1.1 所有人都是设计师

"所有人都是设计师。 我们所做的所有事情，几乎每时每刻，都是设计，因为设计对于人类活动来说是最基础的。"

有时我在家收拾东西时感觉毫无头绪，两个小孩的衣服、先生的衣服、自己的衣服塞满了衣柜，但是早上上班着急又常常觉得没有衣服穿，要翻箱倒柜很久。一个周末我下定决心要把衣服好好收拾一下：按照季节和衣服穿着的频繁程度把衣服安排在衣柜的不同的地方。我边收拾边想这不就是和设计一样吗——按照需求摆放衣物，而且设计出一个简单可行的系统。

为家人准备食物也是如此，我们需要考虑小孩要吃什么，家里每个人的口味是什么，以及烹饪所需准备的时间。在这方面我觉得做得最好的就是我的婆婆，她总是能够考虑到每一个人的需求，并且不论发生什么总是能准时准点地把食物准备好。有一次我们搬家，需要在一天之内把家里所有的东西全部搬到新家，在收拾东西时她突然跟我说要把蒸锅和蒸饺单独放在外面。我问她为什么，她说到时候到了新家大家就有东西可以吃啦。我当时还不以为然，但是还是按照她的想法做了。最后到了新家把所有的东西全部从车上卸下来之后已经是下午了，大家都没有吃午饭。肚子饿得咕咕叫的时候我婆婆就端上了热腾腾的蒸饺给大家吃。这不正是和做产品一样吗，在不同的公司，面对不同的产品我们需要不同的设计策略。如果是初创公司，大家都在考虑生死存亡的问题，设计师还在花费大量的时间纠结一些设计细节就是不太恰当的，快速、有效的设计方案就成了重中之重。

应放天老师（浙江大学工业设计系的一位老师）曾经说："等你们迈出校园，不论你们做什么都会和别人完全不一样。甚至在马路边卖油条都会和别人不一样。"他的意思是就连卖油条这件看似平凡的工作我们都应该有充沛而热忱的设计之心在其中。

史蒂夫·乔布斯（Steve Jobs）曾经说过：**"设计是人造产品的根本灵魂，它是通过产品或服务的一系列的外层来表达自己。"**放眼我们周围的物品，几乎所有的物品都有设计的体现——一个喝水的杯子、一张床、一把椅子、一个房间、一栋建筑等。我们生活当中基本上每样东西都经过了精心的设计。有时候这样的"产品"并不是一个实体的物质，它也可以是一个动作、一句话。讲台上老师正在为学生讲解一堂精彩的生物课，老师甚至把一只活蹦乱跳的青蛙展现在同学们面前。讲台下面是一双双聚精会神的小眼睛。我们可以想象到上课之前老师是如何精心"设计"了这堂课。加州大学伯克利分校（University of California, Berkeley）曾经邀请加州艺术学院的老师和学生去"设计"一个新建专业的学生的学习体验。在这次设计会议上加州艺术学院的老师们用了一系列的设计手法——用户体验地图、用户画像、故事版等——去设计学生的学习体验。设计师们和行业专家们一同来打造学生的学习体验。所以教学过程也应具有设计之心。

这样的设计之心存在于我们每个人的心中。即使我们的工作头衔里面没有"设计师"这三个字，我们做的很多事情都是围绕着设计。

1.2 设计师，不要局限了自己

经常在工作中听到有平面类的设计师说："我只是做平面设计的，交互设计里的东西我不太懂。"或者听到有交互设计师会说："我只会做页面之间的逻辑关系，但是平面设计我就不太会了。"或者会有体验设计师说："这个功能是产品经理提供给我的，我只能按照这个想法来做设计。"很多时候，并不是公司的职责划分让我们失去了发挥的空间，而是我们自己把自己固定在了各种条条框框之中。

有一句职场人经常自嘲的话："不会写文案的设计，不是好摄影师。不懂产品的策划，不是好运营。"这虽然是一种自嘲，但是它体现了一种跨界、跨领域的思维方式。"T"型人才概念的提出也正是体现了这种思考方式。⊖这个"T"里面的 "—"代表的是广博的知识面和各种不同技能，而"丨"则表示知识和技能的深度。这个概念就是要告诉我们，我们的知识和技能既要有广度也要有深度。很多设计大师都有着非常广博的知识面，比如达·芬奇就同时是发明家、医学家、数学家、生物学家、地理学家、音乐家、建筑工程师和军事工程师等。

其实，我们思考问题的时候也应如此。可能上级给你下达的任务只是一个很小的点，但是你需要了解这个小点所处的大圈。我们需要了解这个任务的前因后果，以及它所处的更大的系统的状况。当然，这个点也要能

⊖　"T"型人才的提出最早来自于 IDEO（一家历史悠久的设计公司）。

做得足够深入。

曾经有一位在一家名企工作的设计师问我她上级交给她的一个设计任务要如何做。她思考了很久，始终找不出解决方案，她希望我能够帮她解答这个难题。我在听完她的问题之后发现这个任务本身就是不合理的，是一种为了做而做的设计需求。很多设计师应该都面临过同样的问题，这个时候我们应该怎么办呢？ 我们应该把我们的"圈"画得大一些，要站在更高的层次来看待这个问题。我们可以站在我们上级的角度来思考问题，问问自己："他（她）为什么提出这样的需求？ 最终的目的是什么？" 我们可以站在我们专业的角度提出一个更加合理的解决方案。

1.3　设计师的工作本质是设计系统

"设计是一个从已有的纷乱复杂的不可用部件中，创造令人兴奋的可用整体的直观过程。"⊖设计就是将现有的"材料"进行有机地组合的过程，设计出来的系统可以是实体的产品，可以是虚拟的软件产品，也可以是一家公司。

当我们在布置自己的新家时常常会去想墙面用什么颜色，地板用什么颜色才会和墙面的颜色搭配，甚至我们会去考虑新床单和被套的颜色和图案如何才能与整个房间保持统一。有时候，这个系统可能还会更加复杂。除了会考虑统一的元素，也会加入一些不统一的元素来打破单调与统一。

⊖ 来自贾姆希德·格哈拉杰达基（Jamshid Gharajedaghi）的《系统思维：复杂商业系统的设计之道》。

因为这个系统太复杂了，家中参与装修的成员不能达成统一的意见，因此我们经常可以看到有些夫妻经常会为了一些装修的细节而争吵。

生活了多年的夫妻都会发生这样的争吵，更别提刚刚认识的产品团队中的成员了。这样的争吵某种程度上来说是有益的，因为大家都想把这款产品打造好。但是这种争吵也需要一些专业的系统思维知识和系统设计手段来进行调和。

系统思维的核心理念之一是整体思维，从系统整体出发，着眼于系统内部各要素之间的连接和相互作用，从整体上去认识局部，再综合到整体。

系统思维是把认识对象作为系统，从系统和要素、要素和要素、系统和环境的相互联系、相互作用中综合地考察认识对象的一种思维方法。

很多设计师在接到需求时，往往都迫不及待地赶紧开工，但是过早进入细节设计，往往会忽略产品的整体设计，或者说把握不准产品的整体基调，这都是因为这些设计师缺乏系统性思维。

在商业世界中，几乎所有高价值的商品都包含系统。在所有我们所熟知的产品中都包含系统。例如，阿里巴巴、Facebook、苹果、三星、Google、亚马逊等的产品，这些产品都包含了系统，如图 1-1 所示。

图 1-1　包含系统的产品的公司举例

在互联网行业，系统性思维是一个必不可少的素养，因为任何一款软件产品都是一个系统，而且这个系统往往会非常复杂。就拿我们常用的微信来说，微信包含了非常多的功能，它已经不仅仅是人与人之间交流的工具。日常的生活中，我们可以用它支付。现在，微信支付随处可见。同时微信也与很多与之相关的 App 相关联，比如微信读书，我们可以用微信登陆微信读书并且与微信好友进行互动。淘宝也是一个非常复杂的系统，用户不仅能在淘宝上购买商品，还能参与到淘宝直播的互动中。

从 20 世纪开始，设计实践的关注点由实体产品和外观向意义、结构、交互和服务方向进行了转变。实体工具（如锤子）相对来说交互较为简单，制作方式也较为简单，但是一款软件产品就会复杂得多（如微信、淘宝）。工具的复杂化，工具所处环境的复杂化要求我们以更加系统的思维方式来分析我们的工具和产品。

休·杜伯里提出：设计正在由"手工制作"向"服务制作"转变。"手工制作"和"服务制作"的特点如图 1-2 所示。

	"手工制作"	"服务制作"
主体	物品	行为
参与者	个人	团队
思考方式	凭直觉的	理由充分的
设计语言	另类的	共享的
过程	含蓄的	明确的
工作	具象的	抽象的
构建方式	直接地	间接地

图 1-2 "手工制作"与"服务制作"

"手工制作"类似于我们日常所说的"工匠精神"，传统的木匠在制作一款精美的家具时更多依靠个人的经验和技艺。这种技艺的传承依靠师徒制的代代相传，假若有一天这种技艺失传了，也就很难有人能够再次创造出这种艺术品。因此传统的"手工制作"是一种以个人为主的创作过程，它主要是凭借个人的力量来完成创作和制作。尤其是一些传统的工艺品、艺术品的设计语言是一种"只能意会，不能言传"的表达方式，更多的是依靠感觉来进行创作。而这些艺术家和工匠们往往都是身体力行、亲力亲为地去完成这样的创作和制作。

而到了"服务制作"就需要团队协同来完成，因为这时所创造的并不是单个的、简单的一个物品，而是复杂的、一系列的、以行为为导向的产出物，可能这样的产出物不是物理的。因为参与的人数增多，为了达成意见的统一，我们很难用"感觉"来说服其他人，这时我们就需要有充分的、理性的理由来佐证我们的设计。同时，我们的工作方式也发生了转变，很少有设计师会亲力亲为地去把一款产品"做"出来，而是指导团队中的其他人来完成这款产品的制作。因此，"服务制作"的工作和构建方式是抽象的、间接的。

虽然说随着时代的发展，"服务制作"越来越普遍，但是"手工制作"和"工匠精神"并没有消失。它在"服务制作"中也扮演着非常重要的角色。例如，在软件开发的过程中，编程就是一种"手工制作"。平面设计师在绘制页面的某个插图时也是一种"手工制作"，这种绘制中的很多设计决策也是凭直觉的。

但是，因为我们所面对的产品的复杂性，"服务制作"要求设计师所需掌握的系统思维和知识体系就成了不可或缺的一部分。

设计方式的复杂化和设计环境的复杂化都要求设计师应具备系统性的思维方式。

1.4 让我们发现、分析、改变系统

"只有重新找回人们的直觉，停止互相指责和抱怨，看清系统的结构，认识到系统自身恰恰是问题的根源，找到重塑系统结构的勇气和智慧，这些问题才能真正得以解决。"⊖

人天生拥有系统思维的"直觉"。但因后天的成长环境，有些时候我们的这种"直觉"被埋没了。在学习系统性思维的过程中，我们可以慢慢找回我们的"直觉"。就像放在储藏室里面的珍宝，它被蒙上了灰尘，我们需要把它拿出来擦洗干净，进行抛光和打磨，让它成为日后帮助我们解决困难的利器。

系统自身恰恰是问题的根源。良性的系统应是系统的功效大于各要素的功效之和，但是很多时候并非如此。比如，有些公司，虽然集聚了很多人才，每个人的能力也很强，但是公司的产品却并不优秀，这个时候就应该思考是不是系统本身出了问题。

重塑系统是需要勇气的。从历史的角度去看社会的发展，中国从封建社会到社会主义社会的转变经历了巨大的阵痛以及流血牺牲。重塑系统往往都伴随着某些人的不悦，但是从长远来看是极有益处的。我们在设计软件时也是如此，用户调研人员、设计师、编程人员都需要花很多的精力和时间去改良系统，这些付出都需要我们有勇气和信心。

⊖　来自德内拉·梅多斯的《系统之美》。

系统思维可以帮助我们去发现系统，发现和分析复杂事物背后的规律，抽象事物的本质。培养我们对系统的敏感性。系统思维可以帮助我们改良系统，发现系统中的关键节点，改变事物的发展规律。

系统思维可以让我们纵观整个系统，从整体的角度来思考问题。一个很细微的变化可以带来巨大的改变。例如，蝴蝶效应：一只南美洲亚马孙河流域热带雨林中的蝴蝶，偶尔扇动几下翅膀，两周后就会引起美国得克萨斯州的一场龙卷风。

"系统思考将有助于我们发现问题的根本原因，看到多种可能性，从而让我们更好地管理、适应复杂挑战，把握新的机会。"○我们只有认识和发现了整个系统、系统中要素与要素之间的关系之后才能改变事物的发展轨迹。

系统性思维方式给了我们另外的一种观察了解世界的维度，"就像有时候，你可以通过你的眼睛去观察某些事物，而有时又必须通过显微镜或者望远镜去观察另外一些事物。系统理论就是人类观察世界的一个透镜。通过不同的透镜，我们能看到不同的景象，它们都真真切切地存在于那里，而每一种观察方式都丰富了我们对这个世界的认知，使我们的认识更加全面。尤其当我们面临混乱不堪、纷繁复杂且快速变化的局面时，观察的方式越多，效果就越好。"○

1.5 时代发展的诉求

随着人工智能的发展，较为低级的设计工作可以被人工智能所取代。

○ 来自德内拉·梅多斯的《系统之美》。
○ 同"○"。

大家应该已经察觉到淘宝上就运用了这种设计的"人工智能"，它可以知道你对哪些商品比较感兴趣然后在首页的 banner（广告标语与图片）上推荐给你这些商品。如果是让设计师一个个地来绘制这些 banner 就需要大量的时间和金钱，但是如果交给机器，它们可以快速地设计出来并且准确地推送给用户。这个项目的负责人曾说这个"人工智能"做出来的设计比很多刚入行的设计师的设计水平要高很多，因此它会提高设计师入行的门槛。

但是，大家也不必为此感到恐慌，觉得自己就要丢掉饭碗了。机器永远不会取代人的智慧。但前提是这个人要有智慧，而不是每天做着简单、重复、毫无价值的工作。因此，人工智能的发展要求我们设计师要不断地学习新的知识，不仅仅停留在设计"表现层"[⊖]，要往更高更广的层面去思考问题。而系统性思维的学习就是提升我们思考能力、设计能力的重要的途径。

另外，很多公司已经在招聘职位介绍中明确指出招聘者需要具有系统性的思维能力，例如，IDEO 公司的招聘中提到希望设计师是一位"systems thinker"（系统思考者），Frog 公司在招聘中提到希望设计师具有"conceptual modeling"（概念建模能力）。现在，已经有公司开始注重设计师的系统思维能力。

因此，这些都要求我们设计师去学习系统思维。

⊖　杰西·詹姆斯·加勒特（Jesse James Garrett）在《用户体验要素》一书中把用户体验分成了五个层次：表现层、框架层、结构层、范围层和战略层。

1.6 让系统思维成为精神实质

彼得·圣吉（Peter Senge）提出了三个不同的理论修炼层次[⊖]：

实践演练（practices）：你做的事情。

原则理念（principles）：指导思想和理念。

精神实质（essences）：高水平掌握修炼实质的人的身心状态（state of being）。

其实，这也是系统思维学习过程的不同阶段的划分，我们知道系统思维这一套理论需要通过实践和演练才能真正地掌握。实践演练也是系统思维的第一个层次。

在接下来的章节中，我针对产品的不同层面划分出了不同的系统地图，而后我会尽可能详细地告诉大家如何去实践。因为我们在学习理论时要充分地结合实践。只有大量绘制产品不同阶段和层面的系统地图，才会对系统思维有深入的理解。

等到你已经能够融会贯通之后就会慢慢升华到第三个层次——精神实质。你会发现不仅仅在工作中，甚至在生活中你都会不自觉地用系统思维的方式去思考问题。你会自然而然地去挖掘事物发展的本质规律。这就是"系统思维"这门绝世武功修炼的最高境界。

⊖ 《第五项修炼》中，彼得·圣吉把每一项修炼分成了三个不同的层次。

1.7　系统思维的来源

系统思维并不是一个新潮的词语，它的来源可以追溯到 20 世纪初。

在第二次世界大战期间，涌现出了许多的新的通信技术，如图灵机的出现，同时也涌现出了许多新的思想与理论，如信息理论、控制系统理论等。中国也在艰难的历史环境中引进了许多系统思维相关的著作，诺伯特·维纳的《控制论》便是其中的一本。控制论的思想也是系统思维里的一个重要的组成部分。

20 世纪 60 年代，这些理论和知识开始转化到设计界。同时，阐述系统思维的书籍也非常多。其中，影响力较广的著作之一是德内拉·梅多斯的《系统之美》，这本书所涉及的范围非常广，包括生态系统、政府的管理、公司的管理、热力系统等，从各个不同角度和领域阐述了系统思维。在商业管理领域也有许多的著作，其中，广为人知的是彼得·圣吉的《第五项修炼》。公司也是一种复杂的系统，这样的系统也是需要设计的。

在交互设计领域也有相关的思考，例如，信息架构就是以系统的角度来审视产品。

你可能会有这样的想法：很多成功的企业家、产品人都没有学习过系统思维？为什么也可以那么成功？ 就像前文中提到过的：人天生就有系统思维的"直觉"，有些人的直觉比较敏感、比较强。**我们每个人的心中都有系统思维的种子，有些种子生根发芽、发展壮大了，而有些却没有。**有些人在种子成长的过程中会有一些心得和体会，他们把这些内容总结出来，变成为知识。这些知识就是帮助他人成长的养料。

系统的
基础知识

系统是一组互相连接的事物，在一定时间内，以特定的行为模式互相影响。

—— 德内拉·梅多斯

2.1 系统的三个构成部分

什么是系统？什么不是系统？

图2-1所示为堆和系统的例子。

堆　　　　　　　　　　　　　　　　　　　系统

图2-1　堆和系统的例子

并不是所有的事物都是系统。根据德内拉·梅多斯的理论，堆和系统是相对立的两个概念。堆是指堆在一起的一堆东西，就像乐高积木，刚买回家的时候只是一堆积木，只有通过人的再次创造（拼接在一起）之后才形成系统。从这个例子我们可以看出，堆和系统的区别就在于要素与要素之间的连接。

"系统并不仅仅是一些事物的简单集合，而是一个由一组相互连接的要素构成的、能够实现某个目标的整体。从这个定义可见，任何一个系统

都包括三个构成部分：要素、连接、功能或目标。"[⊖]

因此，并不是所有的事物都是系统，**我们判断一个事物是否是系统需要去考量这个事物是否包含这三个部分——要素、连接、功能或目标（见图2-2）。**例如，一个用乐高拼好的小汽车就是一个系统，而一堆散落的乐高积木就不是系统。

图2-2　系统的三个构成部分

足球队就是一个系统，足球队里面的要素是球员、教练、场地和足球队等；连接是通过游戏规则、教练指导、球员技能、球员之间的交流等产生的连接；目标是赢球、娱乐、锻炼或者赚钱。

"要素""连接"和"功能或目标"是三个非常重要的概念，它们贯穿了本书的始终。在此笔者将对它们进行详细的阐述。

系统的目标

任何系统都有它的目标，这个目标就像是为这个系统指明方向的灯塔。系统并不是一盘散沙，系统应该有着明确的目标。

公司就是一个很典型的系统，公司的存在有着它的商业目标或社会目

⊖　来自德内拉·梅多斯的《系统之美》。

标。员工是组成公司的最小单位，可能公司里面的每位员工都有着自己的目标，但是公司通过它的制度和架构将这些员工有机地组合在一起进而为公司的整体目标服务。

我们日常所使用的软件也是系统。例如，我们日常所使用的微信，它的功能之一就是帮助我们实现人与人之间的沟通和交流。不同的软件和硬件也可以组成一个系统。小米的智能家电产品与小米的 App 就有着很好的配合和连接关系。用户可以通过 App 查看饮水机的使用情况，当饮水机的滤芯快要到期的时候，用户可以通过 App 来购买滤芯。这就是很典型的软件与硬件进行了良好的结合的例子。这个软件和硬件相结合的系统也为同一个目标而服务——为用户提供纯净的饮用水。可能系统内部各部分有着自己的目标，但是系统，作为一个整体具有整体目标。

系统成败的关键在于目标的设定。

一个人的格局往往可以决定这个人的成败，系统的格局也决定了系统的成败。系统的格局体现在目标的设定上。

当然，有些目标是不可能一蹴而就的，需要我们把它们拆解成更小的目标。目标有长远的目标和近期的目标，也有整体目标和局部目标。我们在设定一个长远的目标之后要将目标进行拆解，拆解成一个个小的、更容易实现的目标。

但是，如果这个系统非常庞大，那么大系统内部的小系统在执行目标的过程中可能会跑偏。例如，在一家大公司里面，某高管为今年公司制定了一个整体目标并且将这个目标拆分成了很多个子目标让公司内部的各部门去执行和完成，但是在执行的过程中，部门内部人员加入了自己的很多想法导致沟通的过程中发生了许多分歧。这时，问题就在于执行人员对系统的整体目标没有清晰的认识，固执己见地加入了自己的目标。这个问题经常发生在产品经理和设计师当中，有些时候设计师出于专业、美观角度的考虑会增加、删减、更改一些产品经理所提出来的需求，但是，很多时候却缺乏对产品整体和系统的考虑。这也是为什么系统思维对设计师来说尤为重要的一个原因。

我们经常听到设计师和产品经理之间的对话是：

设计师：我觉得这个页面这样设计更好看。

产品经理：但是这个并不能体现公司业务！

当然，设计师应该有着非常扎实的专业能力，但是在专业能力之上的是应该了解产品——作为一个完整的系统，和更大系统里的一个要素——有着自己的目标，并且服务于更大的目标。这就要求设计师们对于整个系统目标具有一个全局的认识。真正优秀的设计师所提出的建议不仅仅是出于美学的考虑，肯定也会围绕着产品目标。

如何让公司上下的设计师以及所有相关的员工都清晰地了解系统目标？

答案很简单。我们需要将系统的整体目标和分解目标表达清楚。这个时候系统地图就发挥了很重要的作用。它能使系统内的子系统都拧成一股绳，大家齐心协力地朝着一个方向和目标来努力。

当大家都清楚了整体的目标和整体的状况时，每个人的心中也就有了同样或者相似的心智模型。这个时候执行者和系统内其他成员所提出来的意见就不会单单是出于自己的视角，而是从整体的、更高的角度去思考问题。这也是系统目标的上下一致、高度统一的良好状态。

在产品和服务领域，不同层面的系统也对应着不同的系统地图以及不同的目标展现形式。在接下来的章节中会出现三种截然不同但是又有一些关联的系统目标：第一种是产品服务生态系统里的系统目标；第二种是用户脑海当中的用户的目标；第三种是产品概念模型中的目标。

系统的要素

系统的要素是指系统内的组成部分。系统是有层级性的，所以系统内的某个组成部分里面可能还包含许多更加细微的组成部分。系统的要素不必是系统的最小组成单位。公司作为一个系统，它的要素可以是公司内的各个部门，也可以是公司里面的员工。小米的智能家电与 App 的组合系统当中，饮水机、App 是这个系统里面的要素，App 里面不同的模块、饮水机里面的滤芯也是这个系统里面的要素。总之，**系统的要素是一个抽象的概念，它既可以是系统里面很微小的单元，也可以是各个单元组成的一个部分**。我们在审视系统的时候可以想象我们在用一个有着变焦镜头的单反相机在拍摄不远处的一座山，最初，你看到了山的整体，随着镜头的拉近，你可能看到了山上的一棵树，再随着镜头的拉近，你可能看到了树上的一只小鸟。山、树和鸟都可以是单独存在的一个系统，鸟和树又是属于山这个系统里面的要素。系统和要素的定义取决于你的焦距拉伸到了哪里。

因此要素是包含在系统里的，而且要素本身也可以是一个系统。

系统要素的理解有利于我们构建产品服务的相关系统。我们在分析一个产品和服务系统的时候需要罗列出系统里面的各个要素。我们在构建一个全新的产品和服务时，在确定了系统的目标之后就需要确定系统里面包含的要素，以及要素之间的连接关系。

你可能还是会疑惑如何定义系统的要素。

系统的要素可以是一个很广义的概念，它可以是一个名词，如"苹果手机""微信""购物车"，也可以是一种现象或者是一个形容词，如"交通通畅""用户数量增多"。系统要素的定义取决于你表达系统的意图。对于产品服务相关的系统——产品生态服务系统地图、产品的概念模型、信息架构——这些系统里面的要素一般都是名词，系统要素所表达的是某样东西或者是某个概念。

系统的连接

系统要素和要素之间存在连接关系，这种连接关系就像是黏合剂，把一盘散沙进行了有机的组合。系统的要素一般都是名词，而要素与要素之间的连接关系就是动词。动词连接了两个名词。我们可以用这种节点-连接-节点的表现形式来表现系统的要素之间的连接关系，如图2-3所示。

图2-3 节点-连接-节点

这种节点-连接-节点的形式就构成了系统里面最基本的单元。当阅读者在阅读你所创建的系统地图时就仿佛在阅读图形化的文字。第一个节点可以看作是一句话里面的主语，而第二个节点可以看作是宾语。连接两个节点之间的动词就是谓语。

系统间的连接关系当中有一种值得我们深入学习的是丹尼斯·舍伍德

（Dennis Sherwood）在《系统思考》（*Seeing the Forest for the Trees*）一书中介绍的 S 型连接和 O 型连接。这里的 S 型连接表示的是正相关的连接关系，而 O 型连接表示的是反相关的连接关系。我们可以用"＋"来表示正相关，用"－"来表示反相关，这样的表现形式在第八章有关"系统循环图"的部分也有提及。图 2-4～图 2-6 所示为正相关和反相关的关系及实例。

图 2-4　正相关和反相关

图 2-5　车辆增多与堵车的正相关关系

图 2-6　车辆增多与交通畅通的反相关关系

举个例子，路面车辆增多与堵车就是正相关。车辆增多是原因，而堵车就是结果。路上车辆增多与交通畅通就是反相关。因为车辆越多，交通就越不容易通畅。

但是，绝大多数时候，人们的思考方式都是正相关。比如，我们一般都会想某种情况导致了另外一种情况。因此正相关的连接词一般都是导致、造成、引起、促使等。

我们在画系统地图的时候也应把连接词写清楚。这样观看系统地图的人才能更加直观地明白要素和要素之间的连接关系是什么。

在产品和服务的范畴里面，要素和要素之间的连接关系不仅仅包含正相关和反相关的连接关系，更多的时候包含了更为复杂的关系。

要素和要素之间的关系基本上包括（但不限于）人与产品之间的关系和产品与产品之间的关系。人与产品之间的关系我们可以用使用、观看、查看这些词，比如，用户使用某个产品的某个功能。产品与产品之间的关系我们最常用的词是包含和连接，比如，苹果产品包含苹果手机、苹果笔记本，以及苹果的软件产品。再比如，苹果的 AirDrop 功能就连接了苹果的手机和苹果的笔记本。为了让表述更为清晰，我们可以把 AirDrop 拿出来单独作为一个要素，这样在这个连接关系当中就包含三个要素：苹果手机、AirDrop、苹果笔记本。用一句话可以描述为：苹果手机（要素）通过（连接词）AirDrop（要素）连接（连接词）苹果笔记本（见图 2-7）。我们也可以通过图 2-7 所示的图形化的形式表现出它们之间的关系。

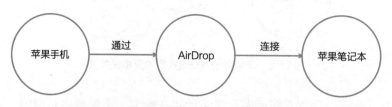

图 2-7　苹果手机通过 AirDrop 连接苹果笔记本

当然，系统间连接关系的表现形式并不局限于图2-7中给出的例子，只要能表达清楚，任何形式都是可以的。

2.2　不断循环增强的系统：循环系统

现在有非常多的人倡导闭环思维，因为闭环和循环存在于许多的系统当中。我们之前所谈到的系统的连接是组成循环系统的基本单元。而到了循环系统，我们就应该以一个更加全局的角度去思考问题。

还是举一个前面提到的交通问题：在上班的高峰期，路上的车辆非常多，大家都非常着急。因此，并不是所有人都会乖乖地在队伍里面排队，会有一部分人加塞，不断地变换车道。加塞状况的增加导致车与车之间的距离变小，最后加大了事故发生的概率。事故增多导致道路更加拥堵。这就是我们日常生活中的循环系统，而且是一个恶性循环系统（见图2-8）。

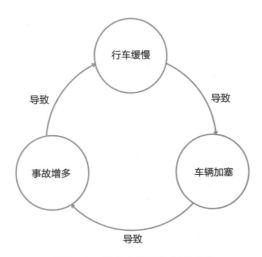

图2-8　堵车中的恶性循环系统

当然，我们的日常生活中也存在非常多的良性循环系统：在一个和睦的家庭当中，妻子深爱着自己的丈夫。并且这种爱不是自私的爱。而丈夫也感受到了妻子的爱，同样深爱着妻子。这就是一个良性的循环系统。在这个系统中互相传递的就是爱。

在工作中，我们所面临的很多问题和场景都存在着循环。公司制造出新的产品之后，随着用户体验的提升，用户数量也会随之增多，进而企业的收入也会增加。企业收入增加之后又会投入更多的时间和人力来提升产品的用户体验。如图 2-9 所示，这个就是一个良性的循环系统，系统每转一圈，里面的各要素就加强一遍。

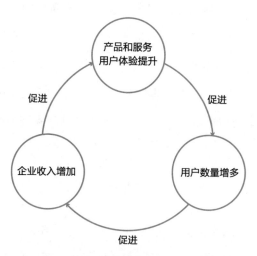

图 2-9 用户体验提升带来的良性循环

当然这只是一个基本的框架，不同的产品和公司都会有不同的情况。在实际的场景当中情况可能比这个要复杂得多，会有更多的影响因素（或者说系统要素）在其中，并且要素之间的连接关系也会比这个要复杂得多。我们要做的就是要抽丝剥茧般地把系统分析清楚，并且清晰地展现出来。

　　同样的，我们也可以聚焦于某一款产品，分析这款产品中存在的循环系统。以淘宝为例，在淘宝最先投入市场时使用的人并不多，但是随着人们逐渐习惯于网上购物，在淘宝上购买的商品越来越多，卖家的收益也随之增多。接着就有更多的商家入驻到淘宝，而这又促使更多的人在淘宝上购买更多的商品。这就是一个不断增强的循环系统，如图2-10所示。

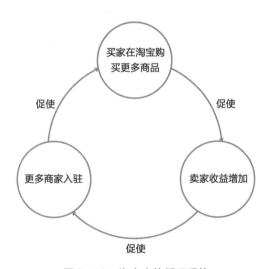

图2-10　淘宝中的循环系统

　　在产品和服务领域，连接关系中除了有在这里讲到的因果关系，还有许多其他的连接关系。在系统当中不断循环的是信息和数据。这些我们会在后续的章节中详细阐述。

　　如果说系统要素是点，系统连接是线，那么循环系统就是一个面。我们考虑的问题越复杂，这个面也会变得越复杂。

2.3　让你的系统变得可控：调节系统

我们还拿前面的交通问题来举例说明，交通拥堵是道路供需不平衡的体现，我们会发现，交通拥堵并不是每时每刻都发生，也不是发生在城市里的每条道路，而是人们最容易聚集的时段和路段。

如果想调节拥堵的情况，我们可以考虑加入一些调节的要素，比如针对"行车缓慢"这个要素进行调节（见图2-11）。我们可以监控车流量，当车流量达到设定的阈值时，引导即将进入拥堵路段的车辆更换道路，以此减少该拥堵路段的车流量来进行缓解，当车流量向正常值转变时，车辆加塞的情况就会得到缓解，同时也会降低事故的发生概率，从而引导该恶性循环系统转变为良性循环系统。

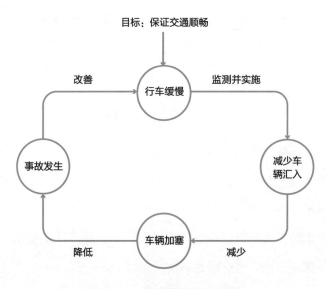

图2-11　交通拥堵的调节系统

我们以当前市场中共享单车的案例来进一步说明调节系统的作用。

有两家共享单车公司：第一家为小 A，第二家为小 B。小 A 公司的押金较低，在初期有相对充足的资金用来投放大量的单车，但是在 GPS 定位和智能锁方面做得比较弱。因此投入越多，后期的管理维护成本就越高。

小 A 公司单车便宜、质量较差、生产成本低，因此虽然大量投放市场并且用户较多，但是单车损坏率高，导致单车的维修成本不断增加，进而导致市场中可使用的单车数量不断减少。为了维持市场占有率，只能继续加大单车的投放量。这就是一种恶性循环，如图 2-12 所示。

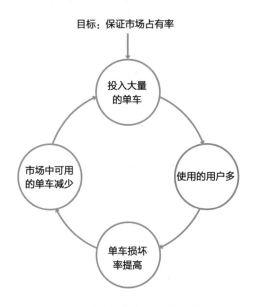

图 2-12　共享单车行业中的恶性循环

小 B 公司在一开始就很注重用户的数据管理，虽然前期的投入较大，但其运营系统依靠强大的云数据平台，能够较好地记录用户的每一次行程。同时，GPS 定位和智能锁的安装也有助于单车的管理和维护，避免了很多不必要的成本投入。

另一个产生差异的主要原因在于目标的设定。小 A 公司的目标是高订单量，为了达到高订单量，小 A 公司做了许多活动。但是，小 A 公司忽略了每一个订单背后的成本，盲目追求高订单量。高额的费用支出导致资金链的断裂，这也成为压垮骆驼的最后一根稻草。综合分析发现，小 A 公司没有清晰的盈利模式和长远的策略，只想以暂时的数量取胜。

所以说，系统思维对于企业成败是至关重要的。

从长远来看，在共享单车的盈利模式中，除了骑车人次和频次，还有一个很重要的考虑点是成本——单车折旧率，小 A 公司缺乏对于成本控制的考量。

广义的成本控制包括统筹安排成本、数量和收入的相互关系，以求收入的增长超过成本的增长，实现成本的相对节约。企业要想长久，要明确其目标是"持续盈利"。"以企业价值最大化为最终目标，在成本控制中要引入价值链方法，对企业生产经营过程的每个环节、每项工作都要用价值链分析方法，分析其是否有效地利用资源为企业创造了最大化的价值；使用投入产出的概念分析每个环节、每项工作是否都能获得正收益，对企业整体价值最大化产生正面的作用。"⊖

2.4 系统中可量化的一面：流量、存量、增量

德内拉·梅多斯提出的流量和存量的理论可以帮助我们进一步理解

⊖ 来自李岩峰的《企业成本控制论析》，文章链接地址：https://www.xzbu.com/2/view-400805.htm。

系统。图2-13中的云朵表示的是某种资源，如资金量和用户数量。"T"型的、带阀门的老式"水龙头"表示它所控制的流量是可以调节的，可以调低，也可以调高。而"方框"代表的是"存量"，意思是留存的资源。

图2-13　德内拉·梅多斯的流量-存量图

在产品和服务领域，很重要的一种流量和存量就是关于公司资金。"当我们关注流量时，我们更容易倾向于关注流入量，而不是流出量。"[⊖]在前面共享单车的案例中，小A公司虽然有傲人的订单量，但是随之而来的高额的成本和费用的支出，可谓是一种入不敷出的状态。所以说小A公司关注了流入量——庞大的订单量，而没有关注流出量——更加庞大的成本支出。

如图2-14所示，德内拉·梅多斯的流量-存量图中，出水口是资金流出量，进水口是资金流入量，中间的是存量（可用资金量）。

图2-14　资金的流量-存量图

　⊖　来自德内拉·梅多斯的《系统之美》。

流入量、流出量和存量的关系如下：

1）只要所有流入量的总和大于流出量的总和，存量就会上升。

2）只要所有流入量的总和小于流出量的总和，存量就会下降。

3）当所有流入量总和与流出量总和相等时，存量就会保持不变。

事实上，在任何情况下，系统的流入量和流出量相同时，系统就处于动态平衡的状态。存量是指能被观察、感知、计数和测量的某种系统要素。存量是系统在某一时刻所保有的要素数量，比如浴缸中的水、学校的学生数量、你所拥有的书籍数量、微信钱包里的钱等。存量会随着时间的变化而不断改变，让它发生改变的就是"流量"。流量是在某一段时间内流入及（或）流出系统的要素数量，比如浴缸中注入或流出的水量、新入学或毕业的学生数量、你在一个月内所购买的书籍数量、你今天微信扫码消费的金额等。

流量与存量都是变量，二者相互影响，流量增加能使存量增加，存量增加又促进流量增加。而在经济学中还提到了增量，增量是指在某一段时间内系统中保有要素数量的变化。比如，今天你有 3 个土豆（初始存量），你朋友给了你 2 个土豆（流入量），你吃了 1 个土豆（流出量），那么现在你有 4 个土豆（当前存量），比一开始多了 1 个（增量）。

存量、流量、增量这三者之间的关系如下：

1）增量 = 流入量 − 流出量。

2）本期期末存量 = 上期期末存量 + 本期内增量。

3）一段时期的流量 = 这段时期末的存量 − 这段时期末的流量。

其实，这些说白了就是数据，我们的大脑总是更加关注存量，而不是流量和增量。可是在当今时代，要更加重视增量，做强增量，做活变量，做稳存量，利用增量来盘活存量。比如，在职场中，增量意味着自己未来能够干什么，意味着未来能够创造什么样的价值；存量则意味着自己过去干过什么，意味着现在能够做什么。

这个世界是在向前不断发展的，社会在进步，企业在进步，你在过去或者现在能做的，不一定在未来还能做。如果当前自己做的只是简单机械重复性的工作，那么在未来必然会失去竞争力。比如，新闻报道中的高速收费站撤销后失业的工作人员、已经消失的电话接线员，以及将要被替代的银行柜员、超市收银员等。包括当前从事界面设计的设计师，虽然属于脑力工作，但是阿里巴巴的 AI 机器人"鹿班"已经可以进行广告海报及文案的创作了，并且还在不断学习。不要以为自己的工作无可替代，稳定已经不存在于这个时代，增量每天都在发生。现在互联网的发展，极大地丰富了学习资源，想学什么，直接就可以通过线上的方式完成学习。学习的成本相比以前，大大降低。终身学习，就是对"增量比存量更重要"的最好实践。

对于企业来说，也应该重视增量，弱化存量。没有所谓的长青企业，企业的迭代在加速，一家能够存活三四十年的企业，已经算是老牌企业了。没有跟上社会进步的，都被淘汰了。迅雷当年以其领先的下载技术赢得极其高的市场份额，这是它的存量市场，这个存量积累的优势在网速提升的今天已经削弱甚至没有了，网速提升太快了，马上要步入 5G 时代，人们已经不需要下载了。黑莓曾凭着"总统安全级别"的 I/O 系统及特色的 QWERTY 键盘一度占据了美国 48% 的市场份额。但这两点也成为拖垮它的包袱，很长一段时间都固执地坚守全键盘，导致该公司在智能手机市场中的份额暴跌；系统无数次的延迟、更新缓慢，代表它更不可能会成为

iOS 和 Android 系统的有力竞争者。

寻找增量，不能把目光放在直接的竞争对手上，因为攻击我们的往往和我们毫无关系，这就是我们经常听到的降维攻击。康师傅方便面的竞争对手不是统一，而是美团、饿了么，年轻人为了方便更倾向于点外卖，他们不再吃方便面了。这几年电台的没落不是因为电视，而是滴滴、Uber（优步），因为司机在路上需要接单，他们必须把电台关掉。

通过扩大范围，带入更多更丰富的流量，从而转化为增量。关注增量需要**跳出直接竞争对手**思考问题，因为直接竞争对手往往代表着存量，我们要试图成为"The Only One"而不是"The NO. 1"，以增量的方式思考才能对抗存量竞争对手。腾讯当年推腾讯微博试图打败新浪微博，结果铩羽而归，然而让腾讯赢得竞争优势的是增量微信。 同样马云推来往和微信竞争也是存量之争，反而是做增量的钉钉表现亮眼。增量一定悄然存在于某个小角落，但一定不是在直接竞争对手那里。

为什么增量取代存量的速度正在加快？ 有人说是因为市场的大幅增长，有人说是因为人的智力得到解放，有人说是因为互联网改变了这一切。 然而，从更加宏观的角度来看——**技术**是背后的推动力量。我们把时间维度拉得更长远一些就会更加明显地发现这个趋势，有经济学家进行过核算，公元元年的世界人均 GDP 为 445 美元，到 1820 年接近 667 美元，1800 年的时间里只增长了约 50%。到了 2001 年，世界人均 GDP 增长到6049 美元。中间发生了什么？工业革命！是技术让经济以前所未有的速度飞速增长。经济学家索罗、卢卡斯、罗默等都在自己的经济增长模型中引入了技术这一重要因素，而传统的增长理论都认为资本、储蓄率等因素是决定经济增长的重要因素。

对于互联网类产品来说还有一个重要的评判标准是用户的数量，Facebook 为自己制定的"北极星指标"⊖是一定时间内的活跃用户数量。他们为什么把这个数据作为衡量公司和产品发展的最重要的数据呢？因为不断有新的用户进来使用你的产品并不代表他们会一直使用你的产品，很有可能他们只是一时兴起，或者是刚刚看了关于这款产品的广告就下载下来试试。很有可能用了不到 15 分钟他们就把这款应用从手机上面删除了。图 2-15 所示为用户的流量-存量图。

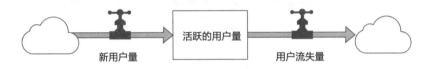

图 2-15 用户的流量-存量图

用户数量和资金数量都是可以衡量的、可以监测的。现在，我们可以运用各种软件来帮助我们监控和收集与产品和服务相关的重要数据。一定的数据收集和分析能力对于设计师来说也是相当重要的。这就如同我们在开车的时候时不时要关注车上的仪表盘。有的道路限速 40km/h，有的道路限速 60 km/h，我们需要通过仪表盘来准确地知道当前的车速是多少，这样才能避免超速。仪表盘上的数据比我们人体所感知的数据更加准确（见图2-16）。飞机驾驶时也是如此，我们可以看到飞机的驾驶舱内有非常多的，甚至让人眼花缭乱的仪表盘。飞行员需要花大量的时间来学习如何解读这些仪表盘。有时候，数据会非常庞杂，我们需要通过学习来掌握获取数据、分析数据的能力。你可以设想，一个不懂得读仪表盘的飞行员

⊖ 来自肖恩·埃利斯（Sean Ellis）和摩根·布朗（Morgan Brown）的著作《增长黑客》。北极星指标是指对产品有指导意义的核心指标。

驾驶飞机将会是多么可怕的景象，他甚至有可能搞不清楚当前飞机到底飞了多高。

图2-16　汽车驾驶与飞机驾驶

一位不懂得数据的人设计和掌控产品同样会是一件很可怕的事情。他可能会完全凭感觉做决策。当市场环境良好时可能这样做是可以的，就如同当天气晴朗时，飞行员在一定程度上是可以用肉眼测量当前的高度并做出一定的判断。但是，如果市场环境变化了，变得风云莫测，充满了迷雾，又或者有非常多的竞争者，我们就需要有充沛的理性和丰富的数据来帮助我们做出正确的判断。做到正确地选择数据并进行有效的分析才算是"数尽其值"。

但是我们也要注意避免"数字专政"（tyranny of numbers）[一]。"数字专政"的大意是做任何事情都以数据为王，只会去关注可以量化的、数据化的事物。尤其是在大型公司里面，当我们面对巨大的人事压力时，好像数据就成了我们的救命稻草。**数据很重要，但是过分关注数据、只关注数据就不对了。**

[一]　大卫·波义耳（David Boyle）在书籍 *The Tyranny of Numbers: Why Counting Can't Make Us Happy* 里面谈到了"数字专政"。

世界上并不是所有的事物都可以被量化。我们从小到大参加了无数的考试——期中考试、期末考试、小学考试、初中考试、高中考试。考试在一定程度上可以检测学生对某些知识的掌握程度，但是更多的时候考试只是片面的。这也是为什么欧美国家的学校在选择学生时不仅仅看分数，还需要看这位学生的很多其他资料，比如文书、作品集等。很多东西靠分数是没有办法体现出来的，比如道德水平、人生观、价值观、潜力、学习能力、挫折的承受能力等。

因此，德内拉·梅多斯也提倡大家要**"关注重要的，而不只是容易衡量的"**，因为有时重要的东西是没有办法衡量的。我们在针对产品做调研时（不论是用户调研还是市场调研）需要采用定性（定性是指着重于性质、质量的角度去做调研，英文是"qualitative"，比如在用户调研里面的用户访谈、实地考察的方法大多是定性的。这更多的是一种探索性的调研方式）的调研方法和定量（定量是指着重于数量、数据去做调研，英文是"quantitative"，比如在用户调研里面的问卷、A/B测试、Google Analytics里面所展现的数据报告等都以定量为主）的调研方法相结合的方式。

如何知道哪些是重要的？找到重要的要素和事物之前，我们首先需要对我们所面对的问题、我们需要分析的系统有一个整体的认识，这也是系统思维能帮助到我们的地方。

2.5 系统的洋葱结构：微观系统和宏观系统

树也是一个系统，它的要素是树叶、树干、树根等，要素间的连接是养分、能量的传输，而它的目的是生长或者服务于更大的生态系统。

树属于森林，森林属于地球，地球属于太阳系，太阳系属于银河系，而这些都是系统。一个小型的系统可以属于一个更大型的系统，就像一个洋葱，一层包裹着一层。

　　系统有着宏观系统和微观系统两个极限。微观系统和宏观系统（见图2-17）是两个相对而言的概念，没有绝对的微观系统，也没有绝对的宏观系统。

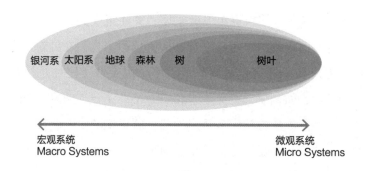

图2-17　宏观系统和微观系统

　　"自然界（它包括我们）不是由整体中的部分组成的，而是由整体中的整体组成的。"⊖

　　自然界就是一个非常宏伟的系统，而在这个宏伟而庞大的系统当中又存在着非常多的小的系统。就连最最微小的一个细菌也是一个系统。所以说这个伟大的自然界是由整体和整体组成的，而这些不同的整体之间也有着复杂的关系。

　　在科技和商业领域，某个公司或者某几个公司所打造的生态系统就是

　　⊖　来自彼得·圣吉的《第五项修炼》。

较为宏观的系统，例如，淘宝的买家端和卖家端、支付宝、物流公司等就组成了淘宝的主要生态系统。而微观系统更多的是指某个产品，比如手机淘宝的 App。假如我们把手机淘宝 App 这款产品放在显微镜下面观察，随着我们不断地调整显微镜的焦距，我们会发现这个 App 下面也有非常多的层级和系统，比如淘宝直播就是一个非常复杂的系统。

因此，系统是有微观系统和宏观系统两个极端，而在产品（或者说系列产品）中微观和宏观两个概念也是相对而言的。在产品与服务设计领域我们把系统分为产品服务生态系统、概念模型、信息架构三个层级（见图2-18）。

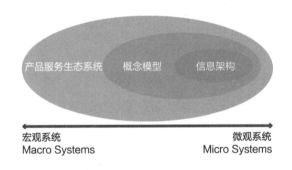

图 2-18　系统思维的三个层级

我们将在本书的第二部分进行详细讲解。

设计师和产品经理在设计产品的时候就需要对所设计的产品系统所在的层级有着非常明晰的概念，非常明确地知道"我所设计的产品是属于怎样的宏观系统里的，与宏观系统里的其他系统之间的关系是什么？我所设计的产品它包含哪些微观的系统？这些微观系统之间的关系又是什么？"

2.6　不要被狭隘所困：系统的边界

系统虽然与外部有一定的关联，但任何系统都是它的边界（boundary）。

有些时候系统的边界是非常明确的，比如苹果产品的生态系统的边界就非常明确。有时候系统的边界会明确到一定的地步甚至其他的系统没有办法与之融合，比如安卓系统和苹果系统就是边界非常明确的两个系统。但是，有时系统的边界又是比较模糊的，微信里面就有非常多的小程序，第三方的公司可以运用微信小程序完成很多的功能。微信相对而言是比较开放的系统，它的边界相对来说就比较模糊。

但是，因为互联网产品往往都是复杂的，需要许多的设计师来共同协作完成一款产品，所以我们往往需要把系统的边界明确地界定出来，安排给不同的设计师来设计。

随着某个系统的深入设计和研究，我们对宏观的系统架构的认识可能会越来越模糊。如果有新加入的设计师，那么他们就更加难以理解宏观系统。这个时候就需要系统地图（system map）来帮助我们传达不同层级系统间的关联关系，让公司内所有的设计师和各产品的产品经理心中能有相同的"模型"。

"边界，包括国界，从根本上说都是人为的。具有讽刺意味的是，我们发明了边界，最后却发现自己被困在其中。"⊖

⊖　来自彼得·圣吉的《第五项修炼》。

这句话的意味非常深远。我们可以放眼整个地球，地球原本是一个完整的整体，但是因为人的介入把地球划分成了不同的国家。就像给自己画出了一个圈并且说："这个圈以内的土地是我的！"因此，国家之间的领土纷争产生了，国家之间的战争也产生了。这也是"我们发明了边界，最后却发现自己被困在其中"的情况。

最喜欢画圈的应该是青少年们，很多人应该都有这样的经历，在上初中或者高中时大家都喜欢拉帮结派，可能因为口音、家乡，甚至穿着品位的不同而歧视班上的其他同学。我们长大之后也会遇到类似的问题，一线城市的人可能会看不起外地人，二线城市的人可能会瞧不起农村人。其实这个也是一种画圈，我们把自己放在了小圈里面，为自己划定了边界。

我们再把视线转移到我们所处的公司内部，公司内部的部门、职位的划分都是人为设计过的。公司也是一个系统，在公司这个大系统下面又有很多的部门，而部门下又有许许多多的小组。有了不同的系统就有了系统边界，因此产生了部门的壁垒。往往公司的产品不尽如人意的原因就是因为这些划分出来的"圈"不合理。产品的用户体验本是一个完整的整体，但是有些公司却设立了专门画"线框图"的交互设计师和专门设计 ICON（一种图标格式）的视觉设计师。用户调研本应是引导产品重要决策的关键因素，却成为可有可无的边缘化的职责。但是，有些公司却能让产品团队成为一个有机的整体，大家朝着一个方向共同努力。高层管理者在"画圈"的时候就在某种程度上决定了这个系统的成败。

对于我们每个人来说，并不存在完美的"圈"。每一家公司、每一个团队都会存在它的问题。同样的情况，有些人能够大放异彩，而有些人却被"圈"所困，整天怨天尤人。设计师、产品经理、策划、规划等职位名称各不相同，但是工作的最终目标却是相同的，都是为了打造优良的产品。不论你现在，或者你未来的职位是什么，都应该以更加全局的角度去思考问题。**弱化系统的边界，让大家朝着一个方向共同努力。**

2018 年耶鲁大学校长苏必德（Peter Salovey）发表的演讲里说："**画一个够大的圈，并不断填充人类的知识。**"这是提倡我们要有宽广的胸怀，当有人把你排挤在外的时候，你可以画一个更大的圈来把他们囊括进来。

他举了一位耶鲁大学的教授罗伯特·达尔（Robert Dahl）的例子。达尔教授曾经有这样一位学生，这位学生非常反对达尔教授的某些学术观点，因此想写文章来反对达尔教授，令这位学生感到非常吃惊的是最支持他的就是达尔教授本人。这位学生经常与达尔教授激烈地讨论达尔教授的一些学术观点，而这种讨论并非是充满攻击性、火药味十足的讨论。他们是把"达尔"这个人单独拿出来，当作第三个人来进行讨论。比如达尔教授在谈到自己的一些理论的时候不是说"我认为……"，而是说"达尔认为……"，这是非常需要气度和智慧的。这是一种平和的、理性的对话。

而对于产品经理和产品设计师来说，很多时候，如果某个人指责了你的想法或设计，你可能会很容易地产生敌对情绪，甚至认为这个人是在侮辱自己。但是如果你能像达尔教授一样，平和、理性、充满智慧地去回应指责和反对，那么你将进入一个完全不一样的境界。

你的胸怀有多大在于你画的这个圈有多大。对于一些已经既定的"圈"，我们应该认识到它们的存在，但是同时又能跳出这些"圈"，不被它们所困。

2.7 耐心的等待：系统的延迟

往往，系统改变的效果需要经过一段时间后才会显现出来。

我们对产品所做的改善，可能不会立竿见影地显现出来。我们在公司所做的改革，也可能也不会立即收到成效。我们对环境所做的治理，可能也没有办法立马看到效果。我们今天所学习的知识，可能也不是立马能派上用场。这是因为系统的效果有延迟性，不同的系统，延迟的时间的长短也会有所不同。

当然了，系统的效果有好的，也有坏的。有时候，我们的错误判断要好久才会发觉。我们在前期对于产品的考虑不周，可能直到发生了重大事故之后，才会意识到问题所在。

很多事情，都需要耐心地积累、耐心地等待。我们要相信，只要坚守我们的初心，总会有云开雾散的那一天。

03

常见的
系统模型

记住，你知道的每样东西和别人知道的每样东西，归根结底是一个模型。把你的模型拿出来，让它能被看见。邀请其他人去挑战你的设想并且加上他们的想法。

—— 德内拉·梅多斯

3.1 系统与模型

你可能会疑惑系统与模型之间的区别？很多时候系统和模型有着类似的含义。但它们之间也有着细微的差别。系统的含义比模型的含义更广。针对产品和服务来说，系统是指某一个具体的产品或者服务，而模型是指一种抽象化了的系统，是可以被重复利用的系统。

我们可以这么理解，系统是一个统称，涵盖的范围非常广，如Windows系统、某品牌的视觉识别系统、生态系统等。而模型侧重指那些可以在不同的场景下重复应用的系统，接下来我们介绍的通信系统模型和控制系统模型都是可以被不同的设计场景重复利用。

我们也可以这么理解系统与模型之间的关系，世界上有着许许多多的系统，每一个系统都有各自的特点，就如同每一个人都有各自的特点一样，但是有些人会有一些共性，所以我们可以进行分类，而模型就把这些共性总结了出来。

如果对系统分析得足够充分。我们会发现其实系统具有一定的规律。这些规律和模式就是系统的模型。随着我们经验的不断积累，或许你也可以总结出一些得心应手的模型。

在此，将为大家分享一些设计中我们会经常用到的系统模型。

3.2　通信系统模型

如图 3-1 所示为克劳德·香农（Claude E. Shannon）的通信系统模型。这个模型可以囊括沟通和交流的所有最基本的架构。互联网产品的崛起就是从促进人与人之间的沟通和交流开始的。因此通信系统模型对于互联网产品尤为重要。

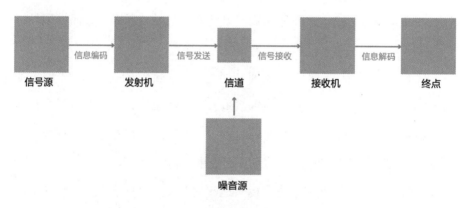

图 3-1　克劳德·香农的通信系统模型

在这个模型里面，信号源是指发射出信号的人或事物。信号源需要经过信息的编码到达发射机。这里涉及一个重要的概念编码表。编码表类似于编程里面的 ASCII 码对照表，当人和机器需要进行沟通和交流时就需要这样的对照表来将计算机语言转化为人们所能理解的语言。这里所讲的编码表是一个更加广义的概念，它可以指代任何用来将表意和展现形式进行对照和参考的知识或者信息。就拿不同国家的语言来说，当我们不认识某个单词的时候我们会通过字典来查询这个单词的意思，而字典就可以理解为一个编码表，因为它解释了单词（展现形式）与单词的意思之间的对照关系。

信息编码后通过发射机发出，发射机发送的是信号，信号传送到信道，信道将信号传递给接收机。最后信息被解码并传达终点。

这里我们可以这么理解，当我们需要用英文与外国人进行邮件沟通时，需要先在大脑中想好用什么样的英文单词和句型来表达，这个就是信息编码的过程。然后我们需要用键盘将文字输入到邮箱中并发送到对方的邮箱，这个过程就是图3-1中通过"发射机"发送信息的过程。在这个案例中，信道包括网络以及邮箱的传输通道。相对应的，这封邮件信息也需要用到邮箱的客户端传达给我们想要传达的人。在这个过程中也存在信息解码的过程。这里的信息编码和解码可以包含两层含义：一种是偏技术的，一种是偏人为的。

如果把人这个整体看作是信号源，人通过键盘输入文字到邮箱，然后计算机通过信息解码将文字解码为计算机语言传送给发射机。这是一种偏计算机技术的解释方式。

如果我们仔细去想人的思考过程，我们会发现人脑中也存在信息编码和信息解码的过程，这里就体现了信息编码和信息解码的第二层含义。当我们脑海中有一个概念需要传达和表述出来的时候，需要通过某种媒介和形式来展现，这个过程就是信息编码的过程。例如，当我们想要把脑海中的某些想法通过自己的母语表达出来的时候，我们甚至还没有意识到编码的过程就已经把我们想要表达的意思陈述出来了。但是当我们用自己不熟悉的语言来传达想法的时候，比如用英文传达想法时，我们可能会先去思考如何用中文表达然后再去思考如何用英文表达。这样就要经历两次信息编码的过程。因此当我们用不熟悉的第二语言来传达概念和想法的时候就没有用母语那么顺畅。这些理念与后续我们谈到的心智模型有一定的关联。

在这个模型中还有一个重要的概念是噪音源。噪音源是指让沟通和交流产生障碍和偏差的因素。这里的噪音源可以来自系统之外也可以来自系统内部。例如，当我们在互联网网页上阅读某篇文章的时候可能会突然走神去想别的事情，这个就是噪音源，因为走神妨碍了我们去阅读和吸收文章里面的内容。另外一种情况是噪音源来自通信系统的外部，同样当我们在阅读互联网网页上的某篇文章的时候，突然身旁来了一个人与我们讲话，这个人的出现就是来自通信系统之外的噪音源。

为什么通信系统模型对于产品和服务设计非常重要呢？

因为互联网产品以及相关的硬件产品的起源就是为了解决人与人之间的沟通和交流的问题。 例如，人们会运用手机、网页这些工具来进行沟通和交流。我们对于通信系统的了解，以及对编码表、噪音源这些概念的了解可以更好地帮助我们设计这一类产品和服务。

另外一个原因是通信系统对于我们设计产品的界面也有重要的意义。因为任何产品都在传达一些信息，这些信息让用户知道如何去使用这些产品。用户界面作为信息传达的媒介在通信系统模型中就是信道的角色。设计师通过产品的界面与用户进行沟通和交流。在这个通信系统中也存在编码表，设计师的编码表是概念模型而用户的编码表是心智模型。噪音源就是概念模型与心智模型之间的不匹配，这些概念我们会在后面的章节中进行详细讲解。图3-2所示为交互设计中的通信系统。

噪音源的存在一定程度上影响了信息的准确传达，会造成用户在使用某些功能的时候产生困惑和误解。但是，噪音源并不是只会产生负面的效

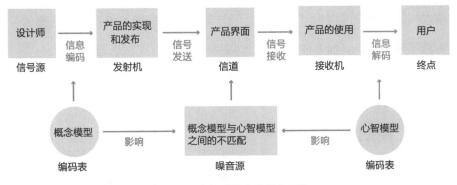

图3-2 交互设计中的通信系统

果，适当的引入和运用噪音源可以产生意想不到的正面效果。在文学创作中，作者经常会有意识地加入一些让人难以理解、模棱两可的成分到作品中，因为这些成分可以留给人们一些想象的空间。"一千人眼里有一千个哈姆雷特"就是噪音运用的很好例子，《哈姆雷特》这本书留给了人们以想象的空间，每个人都会有自己的理解。

在"纪念碑谷"这款 App 游戏中设计师就运用了噪音源的神奇作用（见图3-3），在这款游戏中设计师大量运用了矛盾空间——里面的空间

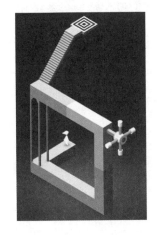

图3-3 "纪念碑谷"App 中噪音运用的案例

结构与正常的空间结构相违背，也即与常人的心智模型相违背。这里的噪音源带来的也是正面的效果，它让人感到新奇而且充满乐趣。

3.3　控制系统模型

控制论的英文是"cybernetics"，来自于希腊语，是一个十分古老的词语，最早由亚里士多德提出。这个词语的意思是领航（to pilot）或者驾驶、掌舵（to steer），到了拉丁语，它的意思是掌控（to govern）。雷诺夫·格兰维尔（Ranulph Glanville）在 RSD3[⊖]的演讲上就谈到了控制论和设计之间的关联。也有许多的设计师和学者对控制论在设计领域的运用进行了实践和理论性的总结，其中包括休 · 杜伯里。

控制系统理论是系统思维的重要组成部分。"控制"是指对某件事物的掌控过程。如同我们开车，我们需要对车具有方向上的把控。控制论里面还有一个重要的思想是"自动"，当我们设计好一个系统并且为系统设计好目标之后，这个系统就可以自己运作了。这也是软件产品运作的一个精髓所在。

可以用图 3-4 所示来描述控制系统。

⊖　RSD 的英文全称是 Relating Systems Thinking and Design，这是一个系统思维
　　与设计的研讨会，RSD3 举办于 2014 年。

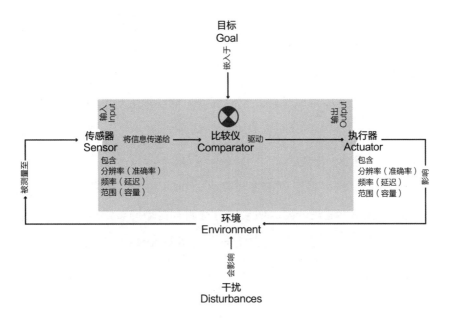

图 3-4　控制系统模型[一]

　　整体上来讲它是一种调节系统和循环系统，随着系统的不断循环而更加接近于"目标"。这个模型中包含传感器，可以感知环境，并且将感知到的数据传递给比较仪，比较仪将目标和环境的数据进行比较，进而驱动执行器来影响环境，外部环境存在的干扰会影响环境。传感器可以对数据进行输入，执行器可以对数据进行输出。另外，我们可以看到传感器与执行器有三个不同的属性：一是分辨率，或者是准确率，也就是说传感器在传感的过程中可能准确，也可能不太准确；二是频率，或者是延迟，也就是说传感和执行的过程可能不是立即发生的，有一定的时间和期限，这也

_____

　　○　英文版原图来自于休·杜伯里以及杜伯里设计公司，本书作者之一梁颖进行了修改与翻译。

是我们在前文中谈到的系统的延迟性；三是范围，或者是容量，在传感和执行的过程中可能并不是面面俱到，可能是针对某个点进行针对性的传感和执行。

这样说可能有些难以理解，我们可以先拿日常生活中的例子来理解控制论。

在炎热的夏天，我们大汗淋漓地回到家之后想立马凉快下来，这个时候我们会打开空调，将空调的温度调到最低，几个小时之后，会感觉很冷，就会再把温度调高一些。如果这台空调有自动调整温度的功能，你只需要设置一个你想要的温度，它就会自己调整温度的高低以及风量的大小。图3-5所示为室内空调的控制系统。

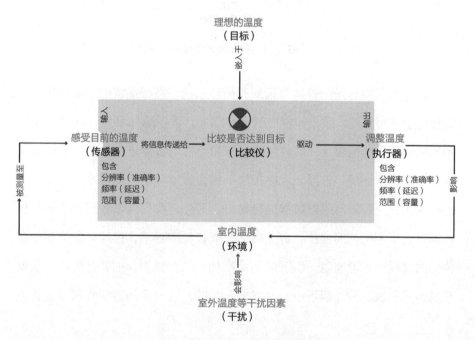

图3-5　室内空调的控制系统

这两个过程都是控制系统，只是前者是人工进行调整，也就是说传感器就是"我"的皮肤，比较仪就是在"我"脑海中目前的温度和我想要的温度之间对比的过程，执行器就是"我"手动操作空调遥控器的过程，同时也包括空调制造冷气的过程。而后者是机器来调节传感器、比较仪、执行器的执行过程。这就是很多空调的"自动"功能，它可以根据"我"的需求自动地进行调节。

其实，我们的设计过程中也存在类似的控制系统。我们的设计目标是为了满足用户的需求，为了让用户的生活更加美好。所以，我们会针对用户的需求进行设计。用户是如何使用产品的？用户使用过程中有什么样的问题？这就是环境。我们对用户进行访谈、测试的过程就是传感器。我们在做用户调研的时候需要非常准确的范围，才能获得有效的信息。图3-6所示为设计过程中的控制系统。

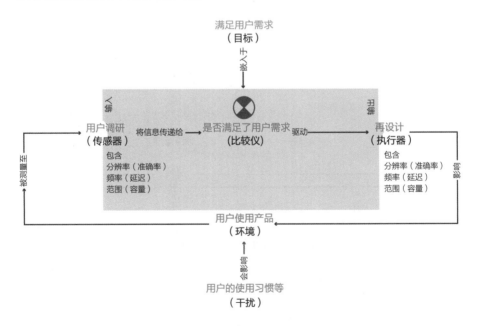

图3-6　设计过程中的控制系统

我们会发现，不管是日常生活中，还是工作中都有着许许多多的控制系统。它们的运作方式、运作的本质是相通的。控制论可以帮助我们理解事物的本质规律。

前面我们所讲到的控制系统是**一阶的控制论**（first－order cybernetics），接下来我们介绍的是**二阶的控制论**（second－order cybernetics）。我们把一阶的控制系统看作一个循环系统，那么二阶的控制系统就是一个循环系统里面套着另一个循环系统，如图3－7所示。

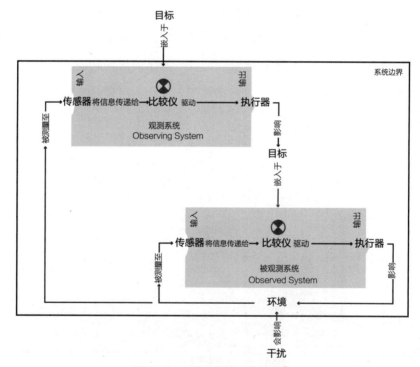

图3－7　二阶的控制系统模型⊖

⊖　英文版原图来自于保罗·潘加罗（Paul Pangaro）和杜伯里设计公司，本书作者之一梁颖进行了修改与翻译。

　　这两个嵌套在一起的控制系统有两个不同的角色，一个是观测系统（Observing System），另一个是被观测的系统（Observed System）。就如同我们在做用户调研的时候观察用户是如何使用产品的，用户使用产品的过程实质上也是一个控制系统，他们需要对产品做出反馈。同时，他们心目中有一个目标——比如使用产品中的某个功能，这个目标来自于调研人员。调研人员在观察用户使用产品的时候心中也有目标，这个目标可能是要获取有价值的调研数据。

　　用户使用产品、设计师观测用户使用产品的情况，这就是两个嵌套在一起的控制系统，同时设计师在设计产品的时候也会用到很多软件，比如Sketch、PS，设计这些软件的设计师我们可以叫他们元设计师（Meta-Designers）。

　　图3-8所示为设计过程中的二阶控制论示意图。

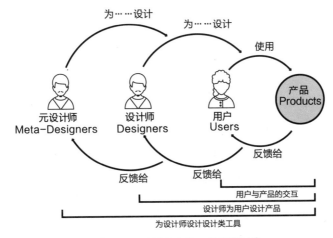

图3-8　设计过程中的二阶控制论⊖

⊖　英文版原图来自于保罗·潘加罗和杜伯里设计公司，本书作者之一梁颖进行了修改与翻译。

不论嵌套了多少个循环系统，我们都可以称它为二阶的控制系统。二阶的控制系统与一阶的控制系统之间的区别就在于这种嵌套的关系。

3.4　控制论与人工智能

控制论与人工智能也有着紧密的关系。

如今，信息技术的发展十分迅速，设计师所面临的问题也越来越复杂。现在人们与机器的交互会产生大量的数据，这些数据为机器学习提供了充分的养料，这种使用、反馈、修改目标的过程就是机器学习和人工智能的精髓，同样的，也是控制论的精髓。

如今的设计师们，应该去了解信息是如何穿梭流经这些系统的，数据是如何使操作更加有效，用户体验更加有意义，并且反馈是如何为学习创造机会。控制论的知识可以揭示这些过程。"⊖

我们现在经常使用的 Siri（苹果手机上的语音助手）就是人工智能的产物。通过大数据的分析，Siri 已经可以准确地捕捉人们的自然语言并且进行分析，然后给出反馈。在这个过程中就存在二阶的控制系统。Siri 通过大数据学习的过程就是前文中提到的"观测系统"，而人与 Siri 对话的过程就是"被观测系统"。通过不断地与人们对话，Siri 所学习到的信息也越来越多，这就是在反馈的过程中，为学习创造了机会。

而控制论、人工智能这些理念与我们设计师又有什么联系呢？

⊖　来自 Hugh Dubberly 的文章 *The Relevance of Cybernetics to Design and AI Systems*。

如果我们把这些概念放到一个更广的角度去理解，我们会发现，这些理论会为我们打开一个全新的设计世界。**设计不单单是设计产品表面的皮肤那么简单，设计是要去构建产品以及产品背后的整个系统。**

在产品服务生态系统的章节里，我们会再次谈到控制论，并带领大家用控制论来构建产品服务生态系统。

3.5　教学与学习模型

前面所介绍的通信系统模型与控制系统模型是比较高阶的模型，在本小节中，我们会谈到另外一种模型，它是基于某种使用场景的模型。

模型运用的魅力在于在不同的场景我们会遇到同样的模型，模型可以帮助我们理解问题的本质规律。在教育的场景下也存在通信系统（见图3-9）。

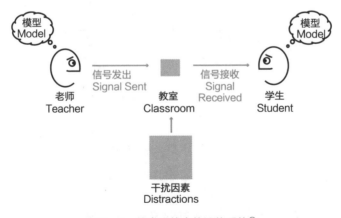

图3-9　教育系统中的通信系统[○]

　　○　来自 Hugh Dubberly 的文章10 Models of Teaching +Learning 。

老师传授给学生的知识实际上我们也可以理解为一种模型的传授，老师在教室里面讲解这些知识就是一个信号发出的过程，因此在这个系统当中教室就是通信系统里面的"信道"。通过这个信道学生接收到了这些信号。在这里也存在噪音源，或者我们可以称之为干扰因素，这里的干扰因素可以是来自于外在的，比如教室窗户外面吵闹的声音，也可以是来自于内在的，比如在上课的时候学生正在开小差想些别的东西。

这个是教育过程中最基本的模型。

接下来介绍的与教学相关的模型中会存在一个循环（见图3-10）。

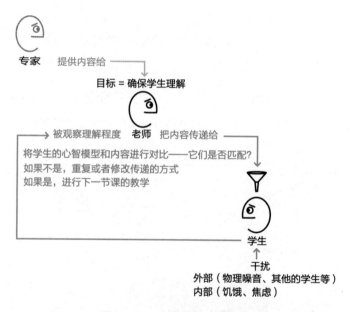

图3-10　教育过程中的循环

专家提供知识给老师，老师通过学习和吸收这些知识再传授给学生。这种情况主要发生在中小学的课堂里面，比如数学、物理等学科的知识并不是老师发现和研究出来的，而是由该领域的专家整理和撰写出来的。这个教育系统是基于控制系统模型。老师的目标是确保学生能够完全理解这些知识，他们通过上课将这些内容传递给学生，而学生接收到了这些知识。当然，这种传递和接收的过程就是前面我们所讲的通信系统模型。**这就是通信系统和控制系统理论的作用所在，它们可以帮助我们构建基于某种场景的模型。**

老师会通过家庭作业、考试的形式来检查学生知识学习和吸收的情况。实际上在面对面的教学过程中，老师通过观察学生的反应，如表情、神态、提问等也是可以感受到学生掌握知识的情况。

这个模型当中还存在干扰因素，比如外部和内部的干扰因素。干扰因素很多时候也会造成较大的影响，当一个学生因为家庭变故而感到焦虑和不安的时候，这个学生是很难静下心来听取老师所讲的知识。

如图 3-11 所示，从一个范围更大的角度去思考教育系统，我们会发现更加有意思的模型。

在这个模型当中也存在老师影响、训练学生，有些类似于上面所讲到的知识的传递，但是在这里老师扮演的角色更像是一名教官和导师——训练学生应掌握的各种技能，影响和带领学生去探索该领域的知识。学生在学校的时候可能也会做许多的案例分析和练习，这些练习需要去观察"世界"。这里的世界包括真实的商业环境，或者真实的用户需求。这个学习过程尤其适合未来希望成为设计师和产品经理的学生，他们可以在学校里就进行"实战演习"。等学生从学校里面毕业后可能会成为实践者。实践者可以是那些到公司里面担任某个职位的人，也可以是开创了自己公司的人，不论是哪一种职位他们都会在一定程度上实践自己在学校里面学到的技能和理论知识。随着实践经验的积累，这些实践者可能会成为思想领袖。这里的思想领袖是指某个领域的专家，他们现在不仅仅是知识的实践者更是知识的创造者。这些思想领袖会通过某种方式来影响传授知识的老师，更理想的情况是这些思想领袖会成为传授知识的老师。

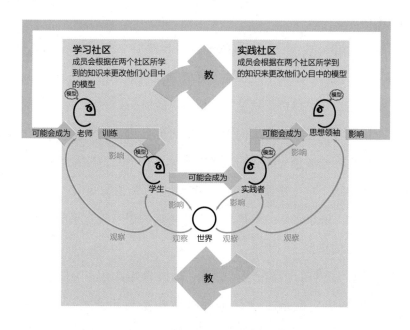

图 3-11　范围更大的教育系统模型

在图 3-11 所示的模型当中有两个社区：学习社区和实践社区。我们可以这样理解这两个社区：学习社区可以是传统的学校，比如某个大学课堂，这个大学课堂里面就包含传授知识的老师和学生；实践社区可以是某个公司，在这个公司里面大家在不断设计新的产品，并有新的知识和思想的沉淀。但是，这两个社区也可以不是传统学校和公司而是产生学习和实践活动的某个群体。同时，这两个社区都是互相影响的，实践者和思想领袖的行为和思想影响着学习社区里的人，而学习社区里面的老师和学生也影响着实践社区里面的人。

在图 3-11 中我们可以看到每一个人的脑海中都有模型，这里的模型是指人们脑海中知识，这里也同样对应德内拉·梅多斯所说的每个人脑海中知道的每样东西归根结底都是模型。

老师、学生、实践者和思想领袖脑海中的模型不一定都是一样的。随着实践者实践的深入和思想领袖思想的发展，他们脑海中的模型也会不断发展和完善。

3.6 模型是一种边界对象

边界对象[⊖]是指不同领域交叉而产生的一些人、事、物。这些对象可以是抽象的概念也可以是具象的某个事物或者人群。它的作用是连接不同的领域，因此它需要被与之交叉的领域所共同理解。

在公司内部，任何跨部门、跨职务并且用来沟通和交流的文件都可以理解为边界对象，如商业计划书、产品需求文档、交互设计稿。这些文档帮助拥有不同教育和职业背景的人进行交流和沟通。当我们脑海中有一些概念和想法的时候，需要某种媒介来帮助我们把想法表达出来。这些媒介包括人与人之间面对面的对话，也包括我们用即时通信工具来输入文字信

⊖ 边界对象最早由苏珊·斯塔尔（Susan Star）和詹姆斯·格里塞默（James Griesemer）提出。

息，当然也包括交互设计师和产品经理的设计稿件。

　　Susan Star 所提出来的边界对象理论中还包含一个重要的概念就是角色。边界对象所起到的作用就是帮助不同的角色进行交流和沟通。这里的角色并不是单指某一种职位和职能，也不是说某个特定的群体。有可能一个人可以兼顾好几个角色，例如，某个初创公司的主管同时兼顾了管理者和设计师的角色。他可能会通过手绘的界面设计草图与软件工程师沟通和交流设计思路。另外，也有可能某位有着设计天赋、充满创新点子的软件工程师同时肩负了设计师的角色。这是一个很有意思的局面，因为我曾经有着这样的经历。当我们站在设计师的角度来思考问题的时候，思维方式和模式是不一样的，我们会去思考：用户会怎样理解我设计的产品？如何让我设计的界面看上去更加有吸引力？ 而对于软件工程师，思考问题的时候往往是：我需要用怎样的技术手段来实现这个功能？怎样才能减少这个软件里面的 Bug？这个时候我们需要手绘一些草图，甚至用计算机制作一些设计图稿来帮助自己思考设计方面的问题，并且为另一个作为软件工程师的自己设立项目的目标。因此，有些时候，即使是同一个人，也会肩负好几种角色，因此就需要边界对象来辅助交流和沟通。

　　更多的时候，尤其是在大型的公司里面，不同的角色由不同的人员和团队来扮演。这个时候边界对象就更加重要了。即使是两个有着相同教育背景的人交流，都会产生交流的障碍和分歧，更何况是有着完全不一样知识体系的人之间的交流。

　　在产品团队中，成员间需要有边界对象来辅助沟通和交流。模型就是一个非常好的边界对象，如图 3－12 所示。

图3-12　模型作为边界对象

　　有些时候，设计师需要花大量的时间和精力来打造边界对象（系统地图、概念模型图、信息架构图等）。你可能会有这样的疑惑：我们为什么需要花这么多时间来打磨和绘制这些系统地图？为什么不直接去设计产品的界面呢？这就是一个有关边界对象的问题。设计师这个角色本身所包含的职能就是指导别人来实现，因此设计师需要给别的角色递交未来产品的"蓝图"，设计师需要通过各种可行和恰当的手段去绘制这个"蓝图"。本书中谈到的系统地图、生态系统地图、概念模型、信息架构图等这些都是绘制"蓝图"的手段。设计师需要在恰当的时候使用这些手段。

　　我们脑海中的认知实际上都是模型，但是如果这些模型只是停留在我们的脑海中而没有被表现和分享出来，那么它也就失去了它的价值。

3.7　万变不离其宗——模型的魅力

　　前面所介绍的通信系统模型、控制系统模型是模型，它们可以帮助我们理解现实生活中的很多场景，并且可以时刻提醒我们不要漏掉模型当中的重要要素和连接。

　　教学与学习模型是基于通信系统和控制系统模型并结合现实情况而产生的模型。现实世界中的很多场景都有相同的模式和规律，我们将这些现实世界中相对固定的模式进行总结和归纳就可以形成新的模型。而且这是两个完全不同类别的模型。

　　通信系统模型和控制系统模型是第一个类别，它们不仅仅存在于产品服务中，同时也存在于我们的日常生活中。比如人与人之间的对话就是通信系统，人与机器的对话也是通信系统。生活中也存在许多的控制系统模型。人在洗澡的时候调节水温的过程、我们用水杯在饮水机前接水的过程、我们使用空调遥控器的过程都存在控制系统模型。这一类模型具有非常强的适配行，可以在很多的场景、行业下适用。

　　除了通信系统模型和控制系统模型，在设计界还有许多这一类的模型。

　　比如加勒特提出的用户体验五要素，他将用户体验分成了五个层次：战略层、范围层、结构层、框架层和表现层。这就是一个很典型的模型，这个模型几乎适用于所有的软件产品，它具有非常强的可适配性。它可以帮助设计师更好地理解软件产品和用户体验设计的层级。

　　而更加广为人知的是马斯洛需求理论（见图3-13）。

　　马斯洛将人的需求分为这样的五个层次：生理需求、安全需求、社交需求、尊重需求和自我需求。当人们提及马斯洛的需求理论时脑海中一般就会出现这样的图。模型以图形化的形式展现出来可以加深人们的印象。

图 3-13　马斯洛需求理论

同时我们可以通过视觉语言来传达模型当中的一些信息。用户体验五要素和马斯洛需求理论都是层级化的展现形式，展现了产品和需求的不同层面，并且这些层级都是有顺序的。而且，马斯洛需求图运用了体型的展现形式，因此看到这张图的人就会知道：哦，原来需求是有高低层次的，最底层的是生理需求。

　　而第二个类别的模型是前面所提到的教学与学习模型。这些模型是基于第一类模型的扩展和运用。

　　例如，图 3-14 所示的这个教育系统中的模型就是基于前面所讲到的控制系统模型。这个模型是控制系统模型在教育和教学环境中的一个运用。但是，同时这个模型也可以适用于很多现实的场景，比如很多小学、初中、高中的课堂就存在这个模型。又如，某位数学老师可能就是通过这个方式把知识传授给他的学生。

　　这个就是模型的魅力所在，它可以运用到千变万化的场景中，它也可以帮助我们揭示这些千变万化的场景的本质规律。

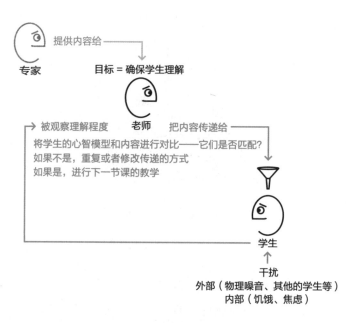

图3-14　教育过程中的模型

　　就像达·芬奇，他并不满足于描绘千变万化的人类的皮毛。他喜爱去钻研千变万化的服饰、皮肉之下的人体结构。骨骼和肌肉的结构就是一种神奇的模型，表面上看每一个人都不一样，事实上我们都基于同一个模型。图3-15所示为达·芬奇的手稿。

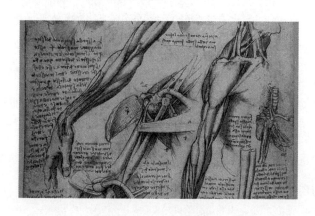

图3-15　达·芬奇的手稿

产品和服务表面上看也是迥异的，但是产品和服务以及它们所面临的问题的本质存在定性和模型。我们应该学习达·芬奇的这种钻研精神，去研究和绘制问题的本质规律。

3.8　运用和更新——模型的生命力

实际上任何的知识都可以转化为模型，而且都可以以视觉化的形式表现出来让别人可以理解和吸收，在交互设计领域很多模型都是知识的视觉化表现。

图3-16所示为英国设计协会（Design Counsil）提出的双钻模型。双钻模型描绘了设计中发散和收敛的过程。其核心是为正确的事情做设计、将设计做正确，重点是描述产出最终方案之前的设计过程，是一种设计师使用的思考模式，一般应用在产品开发过程中的需求定义和交互设计阶段。原研哉在《设计中的设计》中说："设计的实质在于发现一个很多人都遇到的问题然后试着去解决的过程。"如果说设计的核心价值是解决问题，那么就需要知道要解决的问题是什么以及如何去解决问题。而图3-16所示的双钻模型描述的就是设计过程中如何更好地把控住正确的事情，并为之进行正确的设计。

双钻模型把设计过程拆分为四步。

第1步：**探索期（Discover）**：对现状进行研究和分析，发现问题，探索并研究问题的本质。

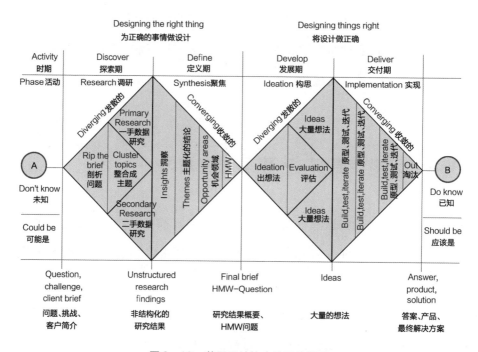

图 3-16　英国设计协会的双钻模型

第 2 步：定义期（Define）： 确定关键问题，将第 1 步发现的问题进行思考和总结，把问题集中起来解决。

第 3 步：发展期（Develop）： 进行方案构思，寻找潜在的解决方案。

第 4 步：交付期（Deliver）： 将上一步中所有的潜在解决方案逐个进行分析验证，选择最合适的方案。

从双钻模型中我们可以发现，发现正确的问题并给出合适的解决方案是一个持续假设和验证的过程。这些不仅仅适用于产品战略层，也可以应用在设计模式中的微小部分，甚至可以应用在日程生活中去解决问题。但是双钻模型终归是设计方法的归纳总结，并不是设计的指导思想或者具体的设计思路，在工作学习中还是需要结合当前事物的目标、要素等进行多角度综合分析。可以借助双钻模型将我们设计师在日常的设计工作和学习中收获的设计方法、设计思考的内容转化为合适的知识储备，帮助我们做出更好的设计产品。

模型可以体现一定的规律和标准，可以让人们产生共识，模型也是知识的一种表现形式。但是，**模型并不是一成不变的，随着知识的不断叠加和进化，模型是可以进行改变和更新的。**

很多书籍中都有介绍一些模型，设计师们也可以学习并运用在项目当中，但是，**我们希望设计师不仅仅要学会运用模型，更要学会创造模型。**尤其是要学会基于模型的模型（如通信系统模型和控制系统模型）来创造基于现实场景的模型（如教学与学习模型）。我们所面临的产品和服务系统都可以通过模型化的形式展现出来——画出来，并且让观看的人学习它、改善提升它。**然而，我们需要注意的是，模型的创造并不是一件容易的事情，我们需要对它进行反复的思量与打磨，同时还需充分理解其他思想领袖对该领域的思考与总结。**

接下来，笔者将为大家详细介绍如何针对产品和服务来构建不同层次的系统和模型。

P A R T   T W O

第二部分

系统思维如何运用在产品和服务设计中?

系统思维的设计方法是什么?

灵活运用

下图所示为系统思维的三个层级。

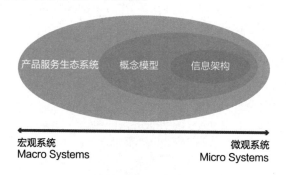

系统思维的三个层级

一个复杂的系统是有层级性的，一层包裹着一层。产品也具有这种层级性，我们针对不同层级的产品系统需要采取不同的设计方法。在产品和服务领域，从宏观系统到微观系统，可以分为三个层级：产品服务生态系统、概念模型、信息架构。

产品服务生态系统

产品服务生态系统体现的是产品与产品、产品与用户之间的连接关系。产品服务生态系统是这三种系统当中最宏观、最能反映产品服务的整体架构。

在项目的初始阶段，产品经理、设计师，或者任何这个产品的负责人就应构建出产品服务的生态系统，而表现这个生态系统的方式就是生态系统地图。产品的生态系统是不断变化和改变的，在产品迭代设计时也可以根据团队需要来继续构建和完善产品的生态系统地图。

概念模型

产品的概念模型是在宏观的生态系统与较为微观的信息架构之间的一个系统的表现形式。与它紧密联系的是用户的心智模型。概念模型是连接用户心智模型和产品信息架构的一个重要桥梁。

概念模型是设计师对于用户心智模型的一个预设，设计者出发点是"我期望用户使用完我的产品之后产生的心智模型是这样的"。

概念模型在项目的初期和迭代设计阶段都可以运用，它是设计师对于用户心智模型的假设。概念模型的构建特别需要用户调研人员的参与，理想的概念模型也是基于有效的、完善的用户调研。

信息架构

而信息架构相对而言是微观系统的表现形式，这里的微观系统指的是某一个产品或者是产品里面的某一个模块。它更加接近"实现模型"。信息架构会直接影响产品的最终实现。

信息架构一般在生态系统地图和概念模型之后完成。我们应先设计宏观的系统架构，再去设计微观的系统架构，这样的产品和服务才能更加合理、易用。

在接下来的章节中，我们将分别讲解这三个层级。

04

产品的宏观系统：
产品服务生态系统

我们所说的系统设计是指为了某种设计目标或系统
目标，将产品与服务作为整体进行设计的过程。

我们在设计一款产品之前，首先应该考虑的是这款产品与用户，以及与其他产品之间会产生怎样的关系——这就是产品服务生态系统。在本章中，我们将详细介绍如何去分析，以及如何去构建产品和服务的宏观系统——产品服务生态系统（见图4-1）。

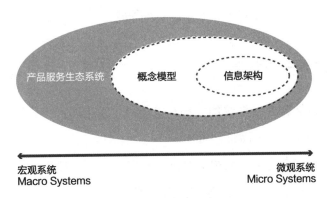

图4-1 产品服务生态系统

4.1 生态系统概述

生态系统一词最早应用于自然界的研究，后来它的概念被应用到商业领域，有了商业生态系统一说。再后来，由于互联网技术的发展，有人提出了数字生态系统。随着物联网、信息技术的蓬勃发展，软硬件产品、服务之间的连接关系越来越紧密，产品服务生态系统的概念应运而生。本章中，我们将着重讲解产品服务生态系统。但是，在了解产品服务生态系统之前，我们需要对相关的生态系统的概念有一定的了解。

自然界生态系统

自然界生态系统的完整概念首先由英国的生态学家坦斯莱（Arthur G. Tansley）在 1935 年提出。

自然界的生态系统是把自然界作为研究的对象，探讨自然界中的草木鱼虫、动植物、阳光雨露之间的关联关系。

自然界中蕴含了许多智慧，我们可以从自然界的生态系统中得到很多启发。

商业生态系统

商业生态系统的概念首先由詹姆斯·穆尔（James F. Moore）在 1993

年提出。

商业生态系统是把公司以及公司的商业环境作为研究对象。这个环境中包括供应商、生产商、销售商，以及竞争对手。

商业生态系统的理念里倡导合作与共赢，不能把公司作为一个独立的个体看待。

数字生态系统

数字生态系统首先由欧洲的研究人员在 2002 年提出。

数字生态系统在计算机科学领域有广泛的应用。它的研究对象主要是数字化的产品、软件产品和服务，以及知识的管理。

互联网生态系统

互联网生态系统的概念和模型首先由 ISOC（现在该组织的英文全称是 The Internet Society，中文名可翻译为互联网协会）在 2010 年提出。互联网生态系统是用于描述有机发展的组织和社区的术语，用于指导构成全球互联网的技术和基础设施的运营和发展。

互联网生态系统的研究对象是所有与互联网相关的产品和技术，它可以围绕某个特定的行业，或者围绕某个特定的企业。

产品服务生态系统

随着产品的复杂化，数字生态系统和互联网生态系统的概念很难表达出现有产品的复杂状况。因此，就有了产品服务生态系统的概念。

产品服务生态系统集合了人、智能设备、软件应用，以及人工服务。这样的集合必须是被设计的。产品服务生态系统的研究对象不单单是软件产品，还包含硬件产品，以及服务。

虽然有这么多五花八门的生态系统概念，但是这些概念都是来源于自然界的生态系统，这些概念借用了自然界的生态系统的复杂、多变、动态的理念。对于数字生态系统、互联网生态系统、产品服务生态系统的概念来说，它们之间是有交集的，但是同时每个概念的落脚点与关注点又有所区别。

在进一步探讨产品服务生态系统之前，我们可以先去探究自然界的生态系统，我们可以从这个概念的本源来寻求启发。

4.2　自然界生态系统

英国生态学家坦斯莱 1935 年提出的"自然界生态系统"概念是指在一定的空间内生物成分和非生物成分通过物质循环和能量流动相互作用、相互依存而构成的一个生态学功能单位。

自然界生态系统还有另外一个定义：自然生态系统是指生物群落与其生存环境相互作用形成的一种整体的系统。在这个定义里面我们可以看到两个重要的概念：一是"相互作用"，强调的是系统内部不同要素之间的连接关系；二是"生物群落"，其广义的含义就是系统的边界。我们在设计生态系统的时候就需要非常明确这个生态系统的"边界"在哪里。 例如，"我"设计的产品所围绕的问题所设计的系统范畴在哪里。这两个重要概念对我们构建产品服务的生态系统非常有帮助。

在自然界生态系统里面还有一个重要的概念可以帮助我们理解生态系统的含义。自然界生态系统包含三个角色：生产者、消费者和分解者，如图 4-2 所示。生产者主要是指绿色植物，如树木、青草。生产者在生态系统当中起到了基础作用——对无机环境中的能量进行转化。生产者将无机环境中的能量转化成"消费者"可以直接消费的能量。例如，树叶吸收了来自太阳的能量并将其转化成食草动物可以直接食用的能量。消费者包括几乎所有的动物和部分的微生物，它们通过捕食和寄生关系在生态系统中传递能量。消费者将能量转化成排泄物，这就形成了能量的传递。分解者也称为"还原者"，它们主要指各种细菌和真菌，也包含蚯蚓等腐生动物。分解者将消费者的排泄物转化成"非生物的物质和能量"，继而可以提供给自然界的生产者继续转化能量。

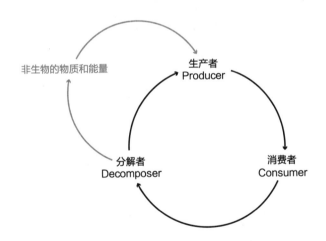

图 4-2 自然界生态系统的三个角色

如图 4 - 3 所示为池塘里的生态系统，环境是水体、空气、淤泥等非生物部分。池塘中的动植物既是生产者又是消费者（没有绝对的生产者，也没有绝对的消费者，互相依存才构成生态系统），分解者的角色由微生物担当。通常讲，池塘里的生产者是草，消费者是鱼、蛙、龟、虾等水生动物，而分解者是细菌等微生物。这些生物和非生物组成了一个互相联系、互相依存、互相制约的统一体，即池塘的生态系统。正常情况下其内部结构、物质循环、能量流动保持相对稳定，即动态平衡。

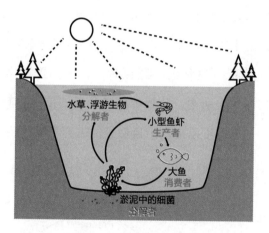

图 4 - 3　池塘里的生态系统

动态平衡是生态系统内部长期适应的结果。生态系统最重要的是要有一定的稳定性，即生态系统要具有保持自身稳定的能力，也叫生态系统的自我调节能力或自我修复能力。

生态系统自我调节能力的强弱是多种因素共同作用体现的，一般情况下，生态系统的组成成分越多样、能量流动和物质循环途径越复杂，生态系统的自我调节能力也就越强；反之，结构与成分越单一的生态系统自我调节能力也就越弱。生态系统的动态平衡被破坏后,如果在其自身恢复能力之内,则系统可以通过自我调节进行自修复,达到新的动态平衡。但是如果超过自身的修复能力阈值,则系统的动态平衡被打破,生态系统也会遭到毁灭。比如,草原生态系统,如果过度放牧则会影响草的生长,致使地表裸露面积增大,表层土沙化;改变土地用途,由畜牧改为种植,造成土壤表层破坏,含水量持续减少或因灌溉而造成土地盐碱化;强行改变草原植物(动物)物种,大量捕杀狐狸、狼、蛇、兔子等造成植物单一性,进而影响草原生物链,使草原生态系统失衡,最后的结果就是草原荒漠化甚至彻底沙漠化。

而生态系统反馈调节包括**负反馈调节**和**正反馈调节**。

负反馈调节的作用是能够使生态系统达到和保持平衡的状态,反馈的结果是抑制和减弱最初发生变化的那种成分所发生的变化。比如,如果草原上的食草动物增加时,植物就会因过度啃食而减少,植物数量减少之后,反过来就会抑制动物的数量。

正反馈调节则是生态系统中某一成分的变化所引起的其他一系列的变化,反过来不是抑制而是加速最初发生变化的成分所发生的变化,因此正反馈的作用常常使生态系统远离平衡状态或稳定状态。比如,如果一个湖泊受到了污染,鱼类的数量就会因为死亡而减少,鱼体死亡腐烂后又会进一步加重污染并引起更多鱼类死亡。因此,由于正反馈的作用,污染会越来越重,鱼类的死亡速度也会越来越快。

自然界中多样、复杂的生态系统,通常会因为它们所拥有的丰富物种之间的相互作用而更为稳定。

两个或多个生态系统之间的过渡区域又叫生态交错区或生态过渡带。[一]生态过渡带并不是生态环境质量最差的地区，也不是自然生产力水平最低的地区，而是由相邻生态系统之间相互作用的空间、时间以及强度所决定的地区。湿地生态系统就是比较独特的生态过渡带，该系统不同于陆地生态系统和水生生态系统，它是介于两者之间的过渡生态系统，该生态系统同时兼具丰富的陆生和水生动植物资源，形成了其他任何单一生态系统都无法比拟的独特环境和物种，故而该生态系统的生物丰富多样。这个生态系统中的每一个因素的改变，都会或多或少地导致湿地生态系统发生变化，故而该类型生态系统具有易变性。

　　生态过渡带就是典型的**共生性生态系统**，作为相邻生态系统之间生态流的通道，会影响到生态流的流向和流速，进而作为生态系统之间的过滤器和源头，比如生态系统中的某些物质成分通过生态过渡带被阻碍，而为其他相邻的生态系统提供物质、能量和生物来源，反之亦可。生态流是反映生态系统中生态关系的物质代谢、能量转换、信息交流、价值增减以及生物迁徙等的功能流，是种群（出生与死亡）、物种（传播）、群落（演替）、物质（循环）、能量（流动）、信息（传递）、干扰（扩散）等在生态系统内空间和时间的变化。[二]

⊖　邢勇、马丽红等在 2003 年发表的《生态过渡带及其边际效应》的文章中对生态过渡带的定义。

⊖　郭贝贝、杨绪红等在 2015 年发表的《生态流的构成和分析方法研究综述》的文章中对生态流的定义。

4.3　互联网生态系统

互联网的生态系统可以分为服务、应用、操作系统和硬件四个层面。

其中，应用、操作系统与硬件都可以独立成为产品，也可以合为一体成为产品。

互联网服务是指用户在现实生活中所需要的服务由互联网服务者提供，包括电商、社交、广告、视频、音乐、教育、金融等。服务本身就可以形成自己的生态系统，正如阿里巴巴的马云所说，电商的生态系统包括信用体系、支付体系、物流体系等。互联网应用就是互联网服务在互联网上的载体，它具有一定的技术要求，更重要的是具有"使用体验"的要求，这就需要企业去掌握，去提供符合对应用户群体需求的产品。服务和应用的联系紧密，可以作为一体移植到不同的操作系统与硬件组合成的产品之上。操作系统与应用都属于软件，操作系统是应用与硬件之间沟通的桥梁，因此操作系统与硬件的联系更为紧密，具有高度的技术要求与"使用体验"要求。硬件是承载服务、应用与操作系统的最终载体，包括计算机、手机等。近年来随着可穿戴智能硬件产品、智能家居产品等的兴起互联网硬件的品种在迅速扩展。目前相应产品的硬件，都配有相应的操作系统。现在世界上能够开发操作系统与CPU芯片的企业屈指可数，而拥有操作系统与CPU芯片的企业，显然具备建立生态系统的能力，这种能力最终要体现在吸引到的互联网服务与应用的数量上。

据悉，微信围绕小程序开发生态系统分为两大阶段，第一个阶段是打造森林，构建生存环境，第二个阶段是培育物种，使其与环境之间相互影响，相互依存。查看相关资料发现，2017年一整年微信在小程序上铆足了劲，平均一周半就发布一次，逐步构建了让小程序可以良性发展的产品环境，并让更多的开发者加入其中，自由开放产品，进行引爆和变现，于是出现了小游戏、小广告等类目。其中最受欢迎的小游戏"跳一跳"，上线不到三天就吸引了多达4亿的玩家。 同时小程序也是一种全新的互联网产品，它可以让线上和线下无缝衔接到一起，小程序在微信内可以被便捷地获取和传播，同时也具有越来越出色的使用体验。根据马化腾在2018年11月的第五届世界互联网大会上透露的数字：已经有150万的开发者投入到小程序的开发，小程序的应用数量也超过了100万，覆盖了200多个细分行业，日活用户达到2亿。 再看一下2018年年初公布的一组数据：有100万的开发者，58万个小程序，1.7亿的日活用户。 从这些数字对比来看，微信正在不遗余力地构造新的小程序开发环境和开发者生态，构建微信和小程序的生态系统。

马云曾说："我们运营的不是一个公司，而是一个生态系统，一个用新技术、新理念组建而成，由全球数亿的消费者、零售商、制造商、服务提供商和投资者组成的仍在持续长大和进化的新经济体。"阿里巴巴的生态系统是以买方、卖方、支付系统、物流平台、相关规则的制定为核心，它最初以B2B和淘宝起家，建立其数据的土壤，并由此衍生出天猫、聚划算等多个业务线，形成了买卖双方、批发零售的交易关系，参与者百花齐放，优胜劣汰。 外一层，由买方相关的服务和卖方相关的服

务组成阿里巴巴生态的支持体系。 另外，从引进和维护方式上看，阿里
巴巴的业务分为投资引进和本体业务。 图 4 – 4 所示为阿里巴巴的互联
网生态系统。

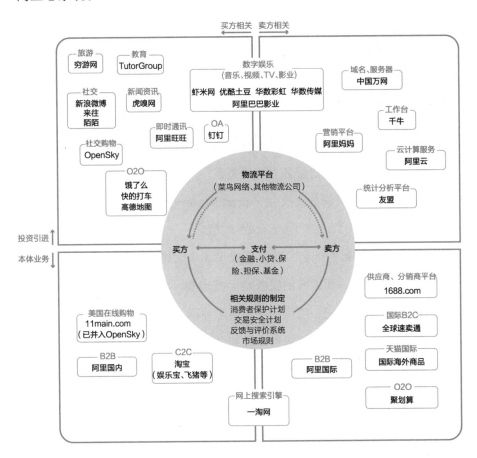

图 4 – 4　阿里巴巴的互联网生态系统

　　互联网生态系统的概念与产品服务生态系统的概念有些许不同，但是
它们之间又有交叉的地方。互联网生态系统更加偏向于软件类的产品，以
及这些产品与用户、技术之间的关系。而产品服务生态系统不单单包含软

件产品，还包含硬件产品、实体产品、人与人之间的服务等。

接下来，我们将介绍产品服务生态系统。

4.4　产品服务生态系统

产品与服务

我们对生态系统已经有了一定的理解，那什么是产品服务生态系统呢？我们先来看看产品与服务之间的关系。

产品服务生态系统的英文是"product-service ecosystem"，这是一种从产品（product）到服务（service）的概念。

Arnold Tukker 把产品和服务分成了 3 个大的类别和 8 个小的类别。纯粹的产品是一端，而纯粹的服务是另外一端。他把产品与服务分成了三个大的类别：产品导向、使用导向和结果导向（见图 4-5）。产品导向是指以产品为主，包含少量的服务，比如我们购买的空调有可能包含安装的服务；使用导向仍然是以产品为中心，同时我们购买的不是所有权而是使用权，而这种使用权往往是有时间期限的；结果导向是以服务为主，我们购买的是一种结果。

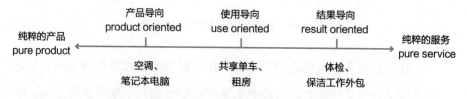

图 4-5　从产品到服务的分类

其实，很多时候，我们很难把产品与服务完全划分开，只能说占比有多有少。

凯文·凯利曾说，商业产品最好被看作服务，不是在于你卖什么给客户，而是在于你为他们做了什么；不在于东西是什么，而在于它与什么相连接，它做了什么。

以往，有的设计师关注的是平面，如 Logo 设计、海报设计，而有的设计师关注的是实体产品的外观，如家具、家电产品的外观。后来，有了交互设计师，大家就开始关注界面，以及界面上的元素的设计。但是，这些设计无外乎都是产品的表现形式。

服务设计关注的是什么呢？如果我们把一款实体产品、一款软件产品看作是一个个的点，那么服务设计关注的是这些点连接而成的面。我们也可以把这个面叫作系统。**服务设计的范围包括人与人之间的服务、人与物之间的服务、人与软硬件产品之间的服务。**

举一个简单的例子，银行提供给我们的就是一种服务。我们在银行里面通过银行卡来存钱、取钱，这个时候银行卡和银行的柜台就是服务设计里面的接触点，也是前面我所说的“点”。有时候，我们对我们的存款或者信用卡的信息有一些疑惑的时候，我们会给银行打电话进行咨询，银行的电话咨询服务也是一个接触点。当然，我们也可以通过银行的 App 进行查询，这个 App 也是“点”。服务设计就是要把这些点连接起来，形成一个完整的、共同协作的系统。

我们在设计一款产品之前，首先应该站在系统和服务的角度去看待问题。把大的层面想清楚之后，再来设计单个产品。

什么是产品服务生态系统

产品服务生态系统是各个相关的产品与服务的有机集合。这种集合包含了人、硬件产品、软件产品，以及人工服务。这样的集合并不是像"1 + 1 = 2"那么简单，它的各要素复杂地、动态地连接在一起。

生态系统的设计对产品有着至关重要的作用，生态系统也决定了产品的整体策略。例如，QQ 和微信在生态系统上面的区别就是：QQ 有着相对封闭的生态系统，用户使用的服务绝大多数都是来自于 QQ 本身；微信有着相对开放的生态系统，第三方的公司可以借助微信来运营自己的公众号和小程序。虽然都是腾讯公司的产品，而且都是以即时信息为主，两种产品却有着完全不一样的生态系统。

生态系统在一定程度上也决定了产品的成败。例如，20 世纪很火的产品——三星的 MP3 和苹果的 iPod，这两款产品的主要功能都是听音乐，但是不同之处是三星是较为独立的产品，而苹果的 iPod 与苹果的 iTunes 有着非常紧密的联系。iPod 通过 iTunes 让用户与音乐来源建立了一个有机的连接，用户可以在 iTunes 上购买音乐然后同步在 iPod 上收听。因此它是一个由硬件、软件、内容有机组合而成的生态系统。现在，MP3 几乎已经销声匿迹了，但是 iPod 听音乐的功能转接到苹果的 iPhone 手机后仍被继续使用，iTunes 也是承载了更多的功能来连接苹果的不同的硬件和软件产品。

产品服务生态系统包含了你定义的范围之内的最大维度的相关要素以及要素之间的连接关系。产品服务生态系统可以包含多个产品，以及产品与产品之间的关系，也可以包含与产品强相关的关键人或物。

产品服务生态系统的动态平衡

在自然界的生态系统中，生物与环境构成了统一整体。在这个整体中，**生物与环境之间相互影响、相互制约，并在一定时期内处于相对稳定的动态平衡状态。**

通过分析自然界的生态系统，我们可以发现生态系统有这样的特点：

1）生物与环境是一个不可分割的整体，相互影响、相互制约。

2）在一定时期内处于相对稳定的动态平衡状态。

也就是说生态系统是一个完整的循环，从而不断巩固发展整个系统。而在实体产品或者互联网产品中，生物可以指使用产品的用户、设计研发产品的人员、运营产品的人员等，环境则可以是通过功能、运营、规则等对用户产生影响的所有事物的并集。所以也经常会出现生产者、消费者、分解者互相依存的情况。生产者服务消费者，消费者服务分解者，分解者又去服务生产者，形成一个循环（见图4-6）。

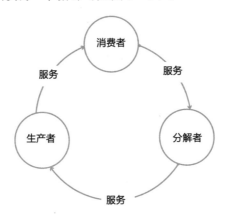

图4-6 产品服务生态系统中的动态平衡

我们可以先看看在实体产品中生产者、消费者和分解者指的都是什么。以矿泉水为例，生产者是指那些生产矿泉水的公司，它们生产出了矿泉水。消费者是指购买这些矿泉水并且使用它们的人。而分解者主要是指回收矿泉水瓶并且将其加工成原材料的人和厂家。但是，如果回收处理工作做得不好，只是把分解者的工作扔给大自然，那么就会带来严重的环境污染问题。比如，海滩上充满了被遗弃的矿泉水瓶和各种塑料制品，海洋动物误食了这些塑料制品导致死亡的事件比比皆是。这是因为分解者到生产者的连接非常薄弱，导致环境污染的问题。为了解决环境污染问题，很多环保者和设计师都积极地做出了自己的努力。例如，有一位台湾的设计师黄谦智将回收的矿泉水瓶再次加工变成建筑的材料，并用这些材料设计了台北花博会的花博展览馆。他甚至还设计了一整套的矿泉水瓶回收加工系统——一整套的加工生产设备。这些设备可以将矿泉水瓶加工成美观的建筑材料。这样从分解者到生产者的系统连接就得到了加强。

接下来，我们来分析一下互联网类产品里面的生产者、消费者和分解者。在互联网类产品里这三者之间的连接非常紧密。**在这个新兴的由产品服务生态学连接的世界里，生产者和消费者之间的区别越来越模糊。**[一]生产者、消费者和分解者形成了一个紧密连接的整体。以微信的朋友圈为例，腾讯公司开发了微信这个产品以供消费者使用。当人们开始使用微信并且发送图片和文字到微信朋友圈时，微信的后台系统就将这些信息进行分解和解析最终呈现给消费者。在这个信息制造和分享的过程中，消费者不仅仅是信息的消费者，也成为信息的制造者。这个时候，消费者

㊀ 来自 Hugh Dubberly 2017 年发布的文章：*Connecting things: Broadening design to include systems, platfomrs, and product - service ecologies*。

并不是被隔离出来的一个独立存在的群体，而是和产品、平台紧密连接的整体。

同时，我们也可以这么理解互联网类产品的生产者、消费者和分解者：互联网公司设计和发布了某款 App，消费者使用了这款 App 之后用户调研人员可以通过用户访谈、分析数据埋点、问卷调查、实地考察等方式去分析用户的使用情况，进而引导产品的迭代设计。在这里用户调研人员就成为生态系统里面的分解者。现在，有越来越多的公司注重用户调研这个环节，因为真正以用户为中心的产品必须要通过用户调研来了解用户。如果缺少用户调研，即分解者这个环节，就无法形成从消费者到生产者之间的闭环。

不论是哪种思考方式，在生产者、消费者和分解者之间不断转化和循环的是信息和数据。信息和数据的传递也体现了互联网产品的一个特征。

与自然界的生态系统相比，产品服务生态系统也包含环境和生物群落，即网络环境和用户群落。网络环境是网络生态系统的基础，包括一切构建网络的硬件环境和软件环境，也可以说是网络资源和网络工具的组合；而用户群落则是作用于网络环境中的行为主体，主动性、意识性及目的性是用户群落的行为特征，用户群落包括个人主体和机构主体。网络环境的好坏直接决定产品服务生态系统的复杂程度和其中用户群落的丰富度。用户群落反作用于网络环境，用户群落在产品服务生态系统中既在适应网络环境，也在改变着网络环境。各种组成网络环境的硬件和软件日益增长，与变化的用户群落紧密联系在一起，共同繁衍生息。这使产品服务生态系统成为具有一定功能的有机整体，在这个统一整体中，网络环境与用户群落相互影响、相互作用，并且能相对稳定地和谐发展。

而企业构建生态系统也是希望能依靠企业自己强大而完善的产品或服务，以一定程度的开放吸引第三方合作伙伴形成以自己为核心的系统，尽力以一致的体验或理念满足客户所有可能出现的需求，使客户产生依赖，并以此实现市场或利润的最大化。尤其是当企业形成了自己的生态系统时，就相当于企业放大了自己，相对于单一产品的企业显然具有更强大的竞争力与生命力，其实就相当于是丰富了自己的生物群落，从而让生态系统的自我调节能力增强。

而对于企业来讲，产品服务生态系统就是一个圈子，把消费者圈在里面，让消费者的消费行为形成一个循环。在一个产品服务生态系统里面，消费者的消费行为能被企业记录，消费者来自哪里、搜索了什么词语、浏览了什么商品、购买了什么商品、给了什么评价等，这些数据的积累形成大数据，为企业的精准营销提供基础和条件。产品服务生态系统是用互联网来完善企业的生态。企业内所有与互联网有关的元素都属于产品服务生态系统。具体包括企业 PC 软件、互联网 Web 站、手机智能网站、移动App、微信平台、OA 办公系统、终端智能交互机、后台大数据以及在线互联网培训等。这些模块构成了一个完整的、良性的、有效的企业产品服务生态系统。

生态系统中的竞争与合作

肯定有许多人都碰到过类似的情况，比如：当你在淘宝上看到一件不错的商品，想通过微信分享给好友时，发现无法从淘宝中直接将商品分享到微信，而是需要复制一个自动生成的淘宝链接，然后粘贴到微信发送给好友；当你想在腾讯应用市场下载多闪 App，发现压根搜索不到；当你想使用微信账户登录抖音，发现也无法登录时，作为用户的你，是不是很崩溃，觉得很烦躁？

其实这些仅仅是中国互联网巨头企业中的应用程序之间的小小共享障碍，但是当每天有数百万甚至上千万的用户受到这些障碍的影响时，这就很严重了。按理来说这只要通过技术手段就可以轻易解决的问题，却一直不曾被解决，甚至愈演愈烈。制造共享障碍的企业其实就是在竞争，不过这种竞争并不是良性竞争，而是伤害到了生态系统根本的恶性竞争。目前来看已经不仅仅是互联网企业的相互竞争了，而是越来越多的生态系统之间的竞争。我们在前文有讲过企业为了发展，构建了生态系统，那么为了生态系统的良性发展，必然要丰富生物群落，生态系统的组成成分越多样、能量流动和物质循环途径越复杂，生态系统的自我调节能力也就越强。那么当各个企业的生态系统构建起来后，在发展生态系统时，必然会出现从相关业务扩展的情况，随着它们的成长，彼此之间的业务就不可避免地在争夺新兴市场的过程中出现重叠，最终就是我们当前看到的局面：企业的相互竞争以及生态系统的相互竞争。而大型企业都在试图创建有壁垒的生态系统，谨防他人抢夺资源。为了阻止其他企业故意增加某些障碍，这些行为已经影响到了体验的基本要求。**体验要求是产品服务生态系统的核心竞争力也是必备要求。**

有很多人认为互联网就是一个大的世界，是一个产品服务生态系统，但是他们并没有意识到产品服务生态系统中也是可以存在很多独立的、松散连接的生态系统，比如自然界的生态系统，有森林生态系统、草原生态系统、海洋生态系统、淡水生态系统（分为湖泊生态系统、池塘生态系统、河流生态系统等）、农田生态系统、冻原生态系统、湿地生态系统、城市生态系统等。这些生态系统相互制约、相互依存，实现了相对稳定的动态平衡状态。

苹果公司缔造了企业界伟大的生态系统。乔布斯把做技术开发的"技术民工"，吸纳为改变世界的发明者，把创造音乐和视频的艺术家变成了零售店里的销售者，把各种苦心寻找消费者的创业公司变成了商业合作伙伴。乔布斯作为"生态系统竞争"理论的实践者，通过"硬件＋软件＋内容"的商业模型变革，缔造了世纪巨人，也把全世界的商业竞争引领到生态系统竞争的新时代。

大家应该还记得中国前些年随着人口增加，人均耕地数量减少，粮食供应出现短缺，为了解决这个问题，有人提出大规模地围湖造田、伐林造地，大力发展农田生态系统。其实把这些行为放到整个生态系统中看，就是恶性竞争。现实的情况是生态系统被严重破坏，草场造田导致土地严重沙漠化；山地造田造成水土流失，产生泥石流；水资源也被破坏，导致水资源匮乏、气候恶化等一连串的后果。如今国家把环境治理放在首位，提出可持续发展战略规划，开始退耕还林、退耕还草、恢复湿地和湖泊，这些都是为了达到**共生性生态系统**。

与自然界生态系统中的物种一样，产品服务生态系统中的每一个环节都是整个产品服务生态系统的一部分，每一家企业最终都要与整个产品服务生态系统同呼吸共命运。一损俱损，一荣俱荣，产品服务生态系统中任何一个环节遭到破坏、任何一家企业的利益被损害，都会影响到整个产品服务生态系统的平衡和稳定，并最终损害系统中的每一个参与者。

共生是自然界的普遍现象，是指由于生存的需要，两种或多种生物之间必然按照某种模式互相依存和相互作用地生活在一起，形成共同生存、协同进化的共生关系。除了物种，生态系统之间的生态过渡带，也很好地阐述了共生的理念。在自然界，无论是物种之间还是物种内部生物个体之间都存在着生存竞争。但是，物种的生存和进化又必然会受到生态系统内其他物种和环境因素的制约与影响，并通过自身的进化改变作用于其他生物的选择压力，引起其他生物发生适应性变化，最终促使整个系统成为一个互相作用的整体。

表4-1所列为产品服务生态系统的各个发展阶段。

表4-1　产品服务生态系统的各个发展阶段

阶段	竞争的挑战	开放的挑战	合作的挑战
初步成形	保护自己独有的思想和理念，避免其他竞争者复制	自我更新中要始终保持开放的眼光和心态，接受变化	与其他生态系统建立生态过渡带，达成利益共同体
跨界扩张	汲取相似形态的营养成分，通过自身生态系统控制支配关键的生态系统群落和环境资源	敢于对自身的利益做出分割并让利给部分的生态伙伴，建立牢固的利益共同体	要紧密团结上下游的生态伙伴，保证持续不断的营养供给
引领者	在关键领域和有价值的核心领域保持强大的获利能力	勇于承认市场革新者的新思想、新理念，鼓励并能够与革新者一起做出改进	为产品服务提供创新的理念和思想，引领生态伙伴共同打造生态圈
共生成长	关键领域和有价值的核心领域建立保护带，保护自身的生态系统，谨防被替代	时刻关注生态圈中的变化，始终保证生态系统的自我修复的完整性	与产业链各方合作，达到共同发展，建立合作共赢的共生关系

随着社会的发展，我们发现自然界中的共生现象也可以融入产品服务生态系统中。北京大学国家发展研究院陈春花教授曾提道"今天，**连接**比拥有更重要，**协同**比分享更有价值。开放边界、共生成长是领先企业的核心特征。面向未来，共生将成为企业组织的进化路径"。阿里巴巴的马云在2014年阿里巴巴首次公开募股（IPO）前的一封公开信中也表示"阿里巴巴的使命使我们不可能成为一个帝国式的企业。我们相信，只有建立一个**开放、协作和繁荣的生态系统**，使其成员能够充分参与，我们才能真正帮助我们的小企业和消费者"。当今社会，企业都不可能拥有企业经营的所有资源，必须与外部企业合作。企业只有建立良好的产业生态系统，让产业链各方合作共赢，才能共同做大市场、做大产业，实现共同发展、共同繁荣。也就是说**"连接、协同、开放、共生"**是目前和未来的必然发展方向。 企业总是在寻求合作双赢的共生关系，既在合作中竞争，又在竞争中合作。由企业上升到产品服务生态系统，企业与企业之间的关系就不单纯是竞争关系而是竞合关系。为了保证生态系统的稳定性，在产品服务生态系统中，企业和企业以及企业与所处的环境之间也是共生和协同进化的关系，从而获得对环境的适应性，得到持续稳定的发展。

　　阿里巴巴创造了一个庞大的产品服务生态系统，在这个生态系统中各种服务之间相辅相成，不同用户之间既有竞争也有合作，而阿里巴巴通过制定规则约束各方行为，保证这一生态系统的良性发展和生态平衡。淘宝的商业生态系统对外界是开放的，通过合作接纳和更新系统成员，不断扩大合作边界，淘宝的合作伙伴现在已经超越了网络零售行业。淘宝拥有众多的合作伙伴，这些合作伙伴包括各大银行、各地的物流快递公司、卖家和买家，这些合作伙伴相应地为淘宝开辟了专门的特色服务，比如：工商银行为淘宝开设了一卡通业务，专门为淘宝的用户量身定制了银行卡；宅急送成立了针对淘宝的快递业务，对淘宝上的卖家收取更为低廉的服务费。另外，从卖家来看，有的只是网上开店、有的是网上网下相结合发展、有的是代理其他厂商的商品、有的正在试图建立自己的品牌等。买家通过淘宝平台可以方便地买到想要的商品，卖家能通过淘宝平台可以销售丰富多样的商品。正是由于淘宝构建了强大的电子商务平台，吸引了庞大的客户群和众多的外部合作伙伴，并且生态系统各方能在合作中受益，从而使淘宝发展成全球第三大互联网交易平台。如今，淘宝正在通过建立良好的信用体系、新金融体系、社会化物流体系、小企业工作平台以及大数据系统，打造全新的生态体系。阿里巴巴集团在内部围绕淘宝建立了自己的生态系统，如支付工具支付宝、提供即时通信工具的阿里软件、提供营销推广交易的平台阿里妈妈等，可以说正是淘宝开放的平台，使得阿里巴巴不断发展壮大。

那是不是只有像阿里巴巴这样的企业才能考虑构建共生性生态系统呢？其实不然，对于一些小型的电商企业或者创业型企业来说，也要试图去建立属于自己的生态系统。在产品服务生态系统中，每一个企业都不是作为一个独立的个体而存在的，在一定区域内，和生物一样，没有一个企业个体能够长期独自生存。仿照自然界生态系统来看，企业打造的生态系统中消费者、代理商、供应商、商家以及同质企业群共同构成了这个生态圈的生物成分，只有让他们在你的企业生态系统中和谐平衡发展、各自成长获益，你的企业平台才能运转得更加稳妥。

产品服务生态系统应是被设计的

产品服务生态学集合了人、智能设备、软件应用，以及人工服务。这样的集合必须是被设计的。[⊖]

产品服务生态系统必须是被设计的。怎样定义这种设计？这是一种系统层面的设计——系统设计。**我们所说的系统设计是指为了某种设计目标或系统目标，将产品与服务作为整体进行设计的过程。**

你可能会想：产品服务生态系统是可以被设计的吗？

答案是肯定的。但是同时，我们需要考虑系统的范围。产品的设计师在设计产品功能的时候会影响到这款产品与其他产品的连接关系，有时也会影响到用户的行为方式，可能产品设计师没有考虑到整个产品服务生态系统，但是他（她）所做的设计决策已经在影响、构建产品服务生态系统了。产品和服务的高层管理者和决策者对产品服务生态系统有更多、更深远的影响，他们需要考虑到公司内产品与产品之间的关系，以及与公司外产品、与竞争对手之间的关系。产品生态系统并不是凭空存在的，是需要人去设计、去执行的。如果我们把系统范围设定在政府的层面，政府所做的决策也会影响到产品服务生态系统，有时甚至会决定它的存亡。

在设计产品之前，产品设计师或产品负责人就应该非常仔细地设计或者了解产品服务生态系统。构建了这样的全局观和宏观的系统之后再去着

⊖ 来自 Hugh Dubberly 2017 年发布的文章：*Connecting things: Broadening design to include systems, platfomrs, and product - service ecologies*。

手设计某个产品的内部系统。这就如同我们要去画一个人物的肖像画，如果我们从刻画这个人的左眼开始，再到刻画这个人的右眼，再到鼻子，最后到嘴巴，然后我们把画放到远处观看会发现这并不是自己想要的效果，反而更像一个外星人——左右眼不对称，鼻子到嘴巴也是歪曲的。这正是很多在做产品的人的工作方式。如果我们从某个产品或者产品里面的具体模块着手去做设计，并且投入了大量的时间和精力，结果往往事与愿违——模块与模块之间没有良好的衔接关系、不同的产品之间没有形成良性的生态系统、各个零部件孤军作战没有形成整体。因此，在设计某个具体的产品前应该非常仔细地想清楚这个产品所处的生态系统是怎样的，它与其他的产品之间的关系是怎样的，它与不同的用户之间的关系又是怎样的，而不是任由其发展，想到什么做什么。

系统性思维里面很重要的一点是要有一个全局观，我们在构建一个新的产品和服务的时候就应该先去构建一个较为全局的宏观的系统，再去设计这个宏观系统当中的某个关键节点——产品。

4.5　设计产品服务生态系统

设计产品服务生态系统的方法

产品生态和服务系统的构建基本上分成三个步骤：一是确定生态系统的范围，同时也是确定"你"的产品和服务所要解决的问题；二是分析现有系统中存在的问题，同时也是分析产生这些问题的原因；三是构建未来的产品服务生态系统，同时也是提出问题的解决方案。接下来我们将详细讲解这三个步骤。

第一步：确定范围和问题。

我们在设计任何一款产品之前都需要清晰地了解这款产品是用来做什么的，它解决了什么问题——这就是它的范围。我们在设计服务的时候也是如此，这个服务系统里面可能包含许许多多不同种类的产品和服务，而这些产品和服务也有它的范围。

我们应该先去确定"用户"是谁，再来思考能为他们做什么。定义用户是构建任何产品和服务不可或缺的一步。而定义用户最好的方法就是用户画像。艾伦·库珀（Alan Cooper）在《交互设计精髓》（*About Face*）一书中对用户画像有详细的阐释，如果你想要对用户画像有更加深入的了解可以查阅此书。

在确定范围和问题这个环节，除了用户画像以外，还有一个有力的工具就是故事板。故事是最引人入胜的表现形式。在产品和服务设计前期，设计师可以通过故事板来传达用户的痛点，从而引起设计团队其他成员的共鸣。

故事板（见图 4-7）可以帮助我们描述相关的场景。为了让设计师和利益相关人产生充分的同理心，我们可以通过故事板来展现用户所处的状况和情景。插图配上简短文字的故事板可以让观众迅速产生同感和同理心，这个方法屡试不爽。

有了用户画像和故事板，我们基本上就把我们的范围和问题界定清楚了。接下来我们要做的是分析产生这些问题的原因。

第二步：分析当前的产品服务生态系统。

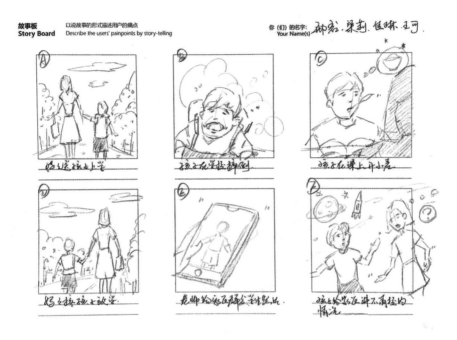

图4-7 故事板示例（该故事板由邢岩绘制，并由梁莉、李佳琳、王可共同讨论）

为了深入挖掘这些问题背后的原因并且展现当前的生态系统，我们可以通过构建当前生态系统地图来展现出当前的生态系统和其中的问题。

在构建当前生态系统地图之前，你需要对这块领域有一定的了解。你可以通过实地考察、用户访谈、问卷，甚至是上网搜索资料，任何你所能触及的方式去了解你所选定的范围和问题。最理想的形式是通过深入的调研来探寻这个问题背后所隐藏的庞大系统。在经过一定量的调研之后，我们可以通过团队讨论来完成现有系统地图的构建。

构建当前生态系统地图包含三步：

首先，列出系统的要素。在前面的章节里我们谈到任何系统都包含三个部分：要素、连接、目标。在这里我们要列出产品服务生态系统里面的

101

要素。这些要素可以包含用户、软件产品、硬件产品，以及任何相关联的人和物。这个听上去范围很广。哪些要素要在系统地图里，哪些要素不需要在系统地图里，这个问题取决于这个要素是否能够与你所选定的问题和范围强相关。保险起见，我们建议在构建系统地图的前期要尽量多地列出系统要素，随着地图的完善再慢慢删减。

其次，连接要素。这个时候，我们需要找到要素与要素之间的关系，并且在图中标注出它们之间的关系。在这里，我们需要把之前列出来的这些要素进行重新排列和组合，把紧密相连的要素或者是同类型的要素放在一起。对于某些问题和生态系统，可能需要你先把要素按照它们各自的属性进行分类，之后再来找出它们之间的关联。

最后，找出这个系统中存在的问题。问题可以是系统中某个环节非常的薄弱，或者系统中缺少某个环节。这些薄弱的环节就是症结所在。在未来产品服务生态系统的构建中就可以针对这些症结进行设计。

随着问题越来越清晰，思路越来越明确，有些时候我们会发现原来寻找的问题背后隐藏着更多的问题，可能会发现更多的用户痛点。这个时候，我们可以对之前所描绘的故事板和用户画像进行进一步的完善。

第三步：构建未来的产品服务生态系统。

在构建未来的产品服务生态系统之前，我们需要有一个设计方向和大致的产品思路。

如果是一个从 0 到 1 的全新的产品你可以通过头脑风暴法、创新思维方法等任何你喜欢的方式来构想未来的产品或者服务。首先你可能会有一个创新的点，然后产生与这个创新点相关联的一系列的其他的点。也有可能你是从一类用户出发思考的未来产品和服务，而后推出了强相关的另一类用户的一系列的相对应的功能。例如，在医疗系统当中，病人和医生就是强相关的两类用户。当你为病人设计了一系列的功能和服务之后可能突然发现医生也是很重要的一类用户群体，而只有当这两类用户群体完美配合在一起的时候，才能完成整个系统的功效。这种综合性地思考问题的方式就是系统性思维的一部分。

如果你是为了改善已有的产品和服务，那么通过现有系统的分析你可能已经发现了现有的产品和服务当中存在的一些问题。这个时候就可以针对这些问题对系统进行调整和改善。

因此，在构建未来产品服务的生态系统的时候大致分成这样的两个步骤：

首先，确定设计方向。在设计产品服务生态系统之前，我们需要对设计的产品或者服务有一个大致的概念和方向。你可以通过一句话的形式来表达你的设计概念和方向，例如：我（们）希望设计……为了解决……问题。在这句话中填充上你的设计方向和希望解决的问题。

然后，构建未来的产品服务生态系统。你可以考虑软件和硬件之间的配合和连接关系，也可以考虑不同的用户是如何通过你设计的平台或服务连接起来的。在这个生态系统里面包含什么，不包含什么完全取决于你的产品和服务所囊括的范围是什么。在这个过程中，你也可以参考之前构建当前系统的方式：首先罗列出系统中的要素，然后连接各要素并且标注出要素之间的连接关系。

如图4-8所示，在这里，我们用一个图表来总结前文所讲到的构建产品服务生态系统的方法。

阶段	确定问题和范围	分析当前的产品服务生态系统	构建未来的产品服务生态系统
目标	确定用户及问题范围	分析导致问题的原因	设计新的系统来解决问题
方法	需求分析 用户调研 实地考察	列出要素→连接要素→找出问题	确定设计方向→ 构建未来的生态系统
产出物	用户画像、故事板等	现有系统地图	未来系统地图

图4-8　构建产品服务生态系统的方法

随着技术的发展和产品的增多，产品与产品之间产生了错综复杂的关系，很多时候这些关系是"偶然"产生的，或者是到了某个阶段产品负责人突然有的一个想法。然而，**产品服务生态系统应是被精心设计过的。**

用控制论设计产品服务生态系统

我们在第三章里面谈到了关于控制系统的理论知识，我们可以运用控制论来构建产品服务生态系统。控制论可以用到许许多多不同种类的场景中。控制论也可以帮助我们剖析问题的本质，并且更加全面地分析问题。

1. 教学场景中的控制系统

在初中的教室里面，老师正在给学生上课，讲解昨天作业里错得比较多的习题，放学的时候老师又对今天的知识点布置了新的习题让学生回家做。

随着互联网技术的发展，老师和学生也用上了各种各样的 App。针对这样的场景，我们进行了一系列的用户调研，最后，我们用用户体验地图

展现出了老师授课、批改作业的行为路径。图4-9所示为初中教学场景的
用户体验地图（局部）。

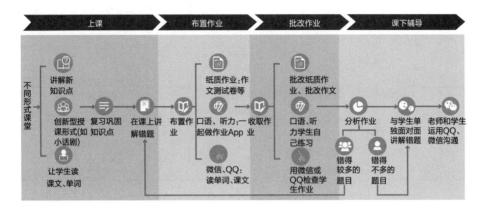

图4-9　初中教学场景的用户体验地图（局部）

老师在课上讲解知识点和错题，放学前布置了作业，第二天来学校
的时候收取作业、批改作业、分析作业，错得比较多的题目会在课上讲
解，错得比较少的题目会单独找学生讲解。在这个循环当中同样是存在
控制系统：控制系统里面的环境就是学生对知识点掌握的情况，传感器
就是老师布置的作业（老师通过作业和试卷来了解学生掌握知识点的情
况），目标就是老师期望学生掌握知识点的掌握程度，比较仪比较的是
学生对知识点的实际掌握程度和老师期望的掌握程度，执行器是老师对
错题的讲解和对知识点的讲解。不单单是初中的教学环境，甚至任何一
个教学场景之下都存在这样的循环，这个也是教学过程的模式。

如图4-10所示为我们分析提炼出的教学场景中的控制系统。

你可能会问："好的，我知道了，但是这跟我们做设计有什么关系？"

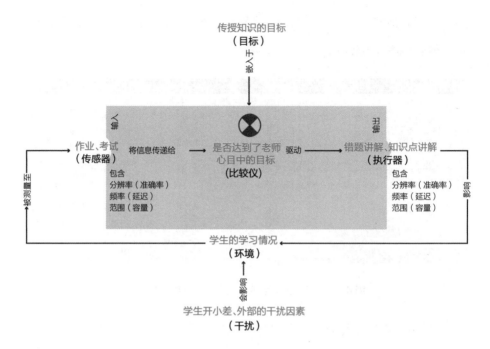

图 4-10　教学场景中的控制系统

当我们在做用户调研的时候，很多老师都反映"这款软件虽然做作业是比较好用的，但是当学生做完作业以后，讲解作业非常困难"。我们最常听到的来自老师的抱怨是"我们没有办法给学生讲解作业，如果是纸质的作业我可以直接用作业本讲解，但是你们软件上的字太小了，用投影放出来学生完全看不清"。

为什么会出现这样的问题？ 因为设计师完全忽略了"执行器"的环节，并没有以系统的角度来思考整个产品。

控制论、产品服务生态系统这些理论和方法可以帮助我们避免这样的问题。

106

2. 医疗场景中的控制系统

在医疗场景中也存在控制系统（见图4-11）。

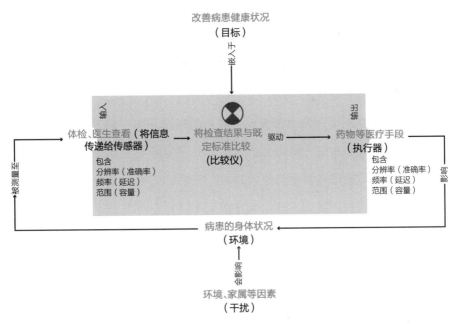

图4-11 医疗场景中的控制系统

当我们生病了去医院看病的时候，医生有时会检查一下我们的喉咙，有时候会开出一些检验的单子让我们去验血，检验完了之后，我们还需要将检查结果拿给医生，医生根据检查结果判断我们的病情，最后可能会开一些药让我们带回家吃。在这个过程中就存在控制系统，接下来我们来看一个医药系统的案例。

目前的慢性病患者，他们每隔一段时间就需要到医院开药，但是一般情况下，病情较稳定，仅仅是到医院开药，不需要找医生看诊，但是医院的流程是不看病就没有办法接触到医生，这样子就拿不到处方单（例如，高血压患者，医生每次不会开太多的药，所以就需要经常到医院开药），尽管不需要看病，但是开药流程依然需要经过预约、挂号、看病、缴费、药房取药等多个环节，这中间还需要往返多个科室，每次开药常常要浪费患者半天到一天的时间，有时候一到医院就看到排了几十米的长队等待挂号，有时候挂到号了，又需要在医院等一天叫号，还有的时候是一大早赶到医院门诊号却被挂完了……更恐怖的是，对于某些慢性疾病患者来说，这样的烦琐流程需要伴随一生。

还有很多是小城市的患者来到大城市的医院看病，看完病基本都回家了，然后过段时间再来大城市看病、拿药；还有的是之前患过某种疾病，后来突发了，但是依然需要到医院挂号、开药；还有的是一些药是医院自研药，只能在该医院买到，其他地方都买不到；还有的是患者常常会遇到药贩子、号贩子，甚至是碰到药骗子和号骗子等等。

如果有成熟的个人档案系统，对于慢性疾病患者来说只需要与医生或者医生的助理进行线上的交流就可以拿到所需的药品，医院可以用快递将药品直接送到病患的手上，不需要患者反复往返医院。

如图 4-12 所示为我们用来表达整体解决方案的医药系统的未来系统地图案例。

所有人在出生的时候就会伴随着身份证在医药平台上创建一份健康档案，如果是首次发病，需要去医院按照医生的指示做各项检查，然后信息会同步到医药平台的健康档案中，医药平台会依据医生的诊断结果，生成对应的处方信息，患者可以决定在平台上进行线上购买还是线下到药店购买（所有的诊断信息、处方信息、药单信息都会同步到平台的健康档案中），如果该患者后续再出现同种病症，患者可以决定是通过平台与医生

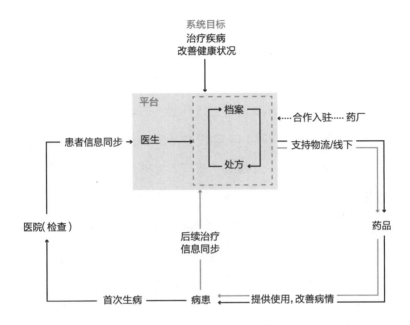

图 4 – 12　医药系统的未来系统地图案例

建立联系，进行线上诊断还是需要到医院进行诊断，后续的药品分发也同样会通过平台进行，在这种情况下，通过医药平台中的健康档案信息，可以极大地降低治疗疾病所需的时间，快速有效地帮助病患拿到药物改善病情。

　　这就是一种从系统的角度去设计产品和服务的方法。

用二阶控制论构建产品服务生态系统

　　在控制系统模型的章节里，我们提到过有一阶的控制论，也有二阶的控制论。那么我们如何运用二阶的控制论去构建产品服务生态系统呢？

　　接下来给大家介绍笔者在研究生期间所做的一个案例。

当时笔者在美国读研的时候女儿已经一岁多了，我们全家三人一起去的美国。一个周末，我带着一岁多的女儿在小区的院子里闲逛，突然对面有一个小男孩在向我女儿招手，嘴里说着一些我们听不懂的话，当时我们都特别疑惑，不知道这个小男孩想表达什么，不过可以看得出来他特别想跟我们交流，但因为语言不同，我们没有办法和他交流。随后我们才了解到，他们家是墨西哥移民，父母去上班了，爷爷也有事，有时候就会把小男孩锁在阳台上面。听到这些后我感到非常震惊。因此我做了一系列的研究，采访了多语言环境下的小朋友的生活和学习环境。有一个采访，我印象特别深，一位同学跟我说他也是随父母来美国的第一代移民，因为英文说得不好经常遭到同学的嘲笑，感到非常自卑，曾经还想到过自杀。大家可以想象一下，在中国我们可能会因为口音遭到同学的嘲笑，而在美国这样的问题可能会放大十倍甚至百倍，因为小朋友面临的是完全不一样的语种，会带来极大的挑战。

而与此同时，医院的专业人员也没有办法给出切实有效的建议，因为医生的评判标准是十分固定的，他们对于某一阶段的小朋友需要掌握多少英文单词的确有既定的标准，但是医生往往不会考虑到小朋友是在学习一门语言还是多门语言。

图4-13、图4-14所示分别为现有系统和未来系统的案例。我们可以用系统性思维语言和控制论的方式来分析。

在目前系统中医生心中有一个目标：每个阶段的小朋友需要学会多少的单词。当家长把小朋友带到医生面前的时候，医生会询问小朋友会了多少单词，这个过程就是控制论里面的传感器，接下来，医生会用自己的目标与小朋友的现状做一个对比，这个过程就是控制论里面的比较仪，如果小朋友的语言学习情况不符合医生的标准，医生就会给出建议，这个就是控制论里的执行器。

通过对这个系统的分析我们可以发现这个系统中存在的问题：一是医生的标准比较单一，没有针对多语种的家庭的标准；二是数据的采集（传感器）比较，只能通过询问的方式。

现有系统

当前的语言发展情况管理和评估系统基本都依赖于医生主观的评定，评定标准是固定的，而且仅仅适用于只学一门语言的小朋友。这样固定不变的标准并不适用于需要学习多种语言的小朋友。

图4-13 案例——现有系统

未来系统

这个新的系统采用了一个"nest system"（巢系统），在这个巢系统里面既定的标准可以根据不同的情况进行修正和改变。例如，学一种语言的小朋友和学多种语言的小朋友就有不同的标准。

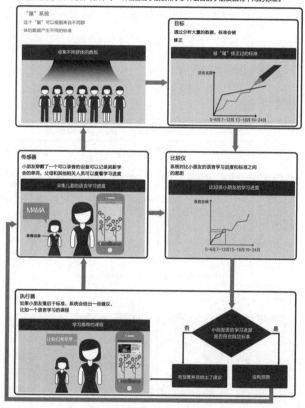

图 4‑14　案例——未来系统

　　因此我们引入一个可穿戴的录音器，可以用来采集小朋友掌握的新的单词，同时标准的制定可以通过采集同一类型群体的数据得到，避免了标准过于单一的问题。在此，这个标准或者说目标的制定是"孵化"出来的，比如说同时学习中文与英文的小朋友需要掌握多少个英文单词和中文词句。

这就是控制系统里面的二阶的控制论，一阶的控制系统里的目标并不是既定的，而是根据观测系统"孵化"出来的。

在未来的产品与服务中，硬件越来越多地扮演了"传感器"的作用，而在"传感器"的背后有着越来越复杂的系统，而系统的知识和方法对我们也会越来越重要。

你可能会有这样的疑问：难道所有的产品服务生态系统都可以用控制论来构建么？

这是一个很好的问题。控制论适用于许多的问题与场景，但是我认为，我们也不必局限于控制论这一种理论与方法。大家未来可以对这一领域进行进一步的探索，也许会发现有许多不同种类的系统模型可以用来帮助我们构建产品服务生态系统。

系统地图的展现

模型被可视化地用图形的方式展现出来，让观看者更好地理解你脑海中的认知。这种展示模型和系统的图形我们称为系统地图（System Map）。前文中所提到的"现有系统地图"和"未来系统地图"都属于系统地图。

一个优秀的系统地图可以清晰地表现出你脑海中的模型和系统的层次和主次关系，也能够瞬间让观看者明白你所描绘的系统的整体架构。你可以利用系统地图与团队中成员讨论系统中存在的问题，进而改善你所展现出来的系统。

在构建现有和未来两个系统地图的时候，有一点非常重要：**让现有系统地图和未来系统地图形成强烈对比。**

构建现有系统地图和未来系统地图的意义在于让你以更加宏观的视角审视你所面临的问题和你所要构建和优化的产品服务生态系统。这是一个帮助你和你团队思考的工具。这两个系统地图还有一个重要的作用是当你需要向团队之外的人展示的时候，它们也成为一组强有力的说服工具。为了让它们具有强烈的说服力，你需要让它们形成强烈的对比。这里的对比是指在展现形式上面需要有一定的定量和一定的变量。如果这两幅系统地图看起来毫无关联，那么也就失去了它作为说服工具的作用。

有的时候，当你在白板上和小组成员一起绘制完未来系统地图之后，反过头来看之前绘制的现有系统地图会发现它们之间有着非常大的跳跃。产生这种跳跃的原因有这样几种：第一种情况是原先在分析现有系统的时候你们所讨论的问题范围更广，而在讨论未来系统地图的时候更加聚焦在这些问题里面的某些部分；第二种情况是当讨论到未来系统的时候，你们发现需要解决更大范围的问题才能解决你们之前所提出的问题，这个时候也出现了跳跃；还有另外一种情况是随着讨论的进行，你们所要选择的问题范围发生了转移和改变，你们可能会对其他与之相关的问题更加感兴趣。

不论是哪种情况，都会造成现有的系统地图和未来的系统地图有着非常大的跳跃。如果系统地图仅仅是作为辅助团队内部思考的工具，停留在这个步骤是可以的。但是如果你们需要向团队外的人员展示（实际上绝大多数情况是这样的），那么你就需要对原先构建的现有系统地图进行修改和完善，让这两幅系统地图存在一定的定量，也就是说让它们有共同的部分，然后再来强调它们不同的部分。

系统地图、用户体验地图、服务蓝图

在服务设计领域有三个重要的设计方法——用户体验地图（User Journey Map）、服务蓝图（Service Blueprint）、（产品服务生态）系统地图（System Map）。

它们三者有什么样的相同点和区别呢？

这三种图都是针对服务和系统层面的分析和设计方法，但是各自的侧重点有所不同。

用户体验地图适用于表现现在服务的情况。在经过一系列的调研之后，我们可以用用户体验地图视觉化、直观地表现出调研的结果。用户体验地图更加适用于对于事实的展现，同时可以帮助团队讨论用户的需求点和机会点。

服务蓝图适用于未来服务的设计。用户体验地图与服务蓝图都是以用户行为为轴线的线性的展现形式，同时都会展现用户行为与接触点。但是，在服务蓝图上，同时也需考虑"后台"的系统需要如何实现服务，需要考虑所需的人员、技术的支持等。

图 4 - 15 所示为一个服务蓝图的示例。

此案例是为老年人设计的社区卫生服务，为用户提供针对慢性病的就医帮助。通过免费体检采集信息并与智能手表绑定，在用户来访时同步日常院外数据，服务中心同时提供知识讲座和文娱活动，满足用户生理与心理健康的需求。

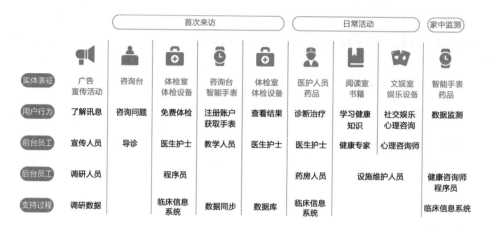

	首次来访				日常活动			家中监测
实体表征	广告宣传活动	咨询台	体检室体检设备	咨询台智能手表	体检室体检设备	医护人员药品	阅读室书籍	文娱室娱乐设备	智能手表药品
用户行为	了解讯息	咨询问题	免费体检	注册账户获取手表	查看结果	诊断治疗	学习健康知识	社交娱乐心理咨询	数据监测
前台员工	宣传人员	导诊	医生护士	教学人员	医生护士	医生护士	健康专家	心理咨询师	
后台员工	调研人员		程序员			药房人员		设施维护人员	健康咨询师程序员
支持过程	调研数据		临床信息系统	数据同步	数据库	临床信息系统			临床信息系统

图 4-15　案例——社区卫生服务蓝图

（该服务蓝图的设计师是黄镜源，指导老师是黄楚月）

产品服务生态系统地图，或者简称为系统地图，虽然也是对于服务的设计，但是它并不是以行为和时间为轴线的线性的展现形式和思考方式。它更多的是考虑不同的产品和服务之间是如何协调和配合来完成整体的服务目标。

因此，面对不同的设计问题和不同的设计阶段，我们要选择适合的设计方法。

连接宏观和微观系统的桥梁：
概念模型

心智模型，作为人脑中的系统，也有目标、
要素、连接。你会发现，你所阅读的这本书
作为一个知识体系也是有目标、要素、连接
的系统。

构建完产品服务的生态系统后，我们对产品所处的宏观系统有了清晰的了解，接下来我们就需要针对产品本身来进行设计。

　　在这个章节里，我们将为大家介绍系统思维的第二个层级——概念模型（见图5-1）。但是，在深入谈论概念模型之前，大家需要先了解与之紧密相关的模型以及它们之间的关系。它们是心智模型、概念模型和实现模型。

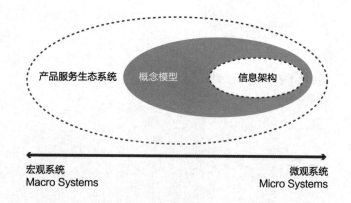

图5-1　概念模型

5.1　三种模型——心智模型、概念模型和实现模型

唐纳德·诺曼（Donald Norman）曾经提到过三种不同，但又紧密相关联的模型——心智模型、概念模型和实现模型。这三种模型之间有怎样的关联关系呢？

图 5-2 所示为三种模型之间的循环反复关系。用户调研人员最主要的工作是去挖掘用户脑海里面想的是什么并且总结归纳后和团队的其他成员交流。其中的某些发现可以抽象为心智模型。比较理想的状态是设计师的概念模型来源于用户的心智模型。用户的心智模型一般是比较零碎的、个人的，但是概念模型较为完整和准确。概念模型就像是连接心智模型和实

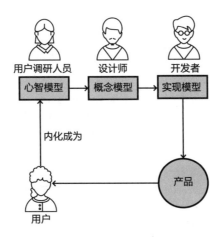

图 5-2　三种模型之间的循环反复关系

现模型的桥梁。实现模型描述的是一个产品是如何"做"出来的，是如何建造出来的，就像施工图。

这三个模型都和用户有一定的关系。心智模型是用户脑海中的模型，概念模型是设计师对于用户心智模型的假设。而实现模型所构建的产品又会让用户产生新的心智模型。这三种模型在产品的整个周期里面是一个循环反复的关系。

很多设计思想领袖也涉及了这三种模型的探讨。

艾伦·库伯在《交互设计精髓》一书中对心智模型（mental model）⊖进行了论述，但是内容比较少，对于如何运用心智模型也没有详细的描述。书中谈到的呈现模型（represented model）和我所说的概念模型（conceptual model）比较相像，但也不完全一样，都是指来自于设计师的模型，但是对于怎样从概念模型到呈现模型并没有进行阐述。

茵迪·扬在《贴心的设计：心智模型与产品设计策略》一书中也谈到了心智模型，并且对如何针对心智模型进行用户调研有详细的描述。她运用了一个图表来表达用户的行为、目标，非常有借鉴意义，她称这种图表

⊖ 艾伦·库伯在《交互设计精髓》一书中把 mental model 翻译为心理模型，茵迪·扬（Indi Young）在《贴心的设计：心智模型与产品设计策略》一书中把 mental model 翻译为心智模型。一个人的"心智"指的是他各项思维能力的总和，用以感受、观察、理解、判断、选择、记忆、想象、假设、推理，而后指导其行为。乔治·博瑞（C. George Boeree）博士对心智的定义包括以下三个方面：获得知识的能力、应用知识的能力、抽象推理的能力。心理是人脑对客观物质世界的主观反应，心理现象包括心理过程和人格。心理是高度有组织的物质脑的特性，主体对客体的反映。它是通过感觉、知觉、表象、记忆、想象、思维、感情和意志等多种多样的形式表现出来的。心智更加偏向于思维能力和理性推理方向，而心理的范围更广。因而笔者觉得在交互设计领域把 mental model 翻译成心智模型更为准确且便于理解。

为心智模型，定义比较模糊。

苏珊·魏因申克（Susan Weinschenk）在《设计师要懂心理学》一书中谈到了两个很重要的观点：一是人们创建心智模型；二是人们与概念模型交互。我比较赞同这两个观点，心智模型来自于用户的模型，而概念模型来自于设计师的模型，设计师将这种模型表达在产品中。因而，当用户和产品交互的时候，也可以说同时是在与设计师的概念模型进行交互。

唐纳德·诺曼也谈论到了概念模型，他同样认为概念模型是来自于设计师的模型，用户脑海中的是用户的心智模型。用户的心智模型是来源于与系统的交互。系统图像（system image）是指用户可以看见的、物理上可交互的产品，包括产品相关的介绍、用户手册等。设计师期望用户的心智模型与设计师的概念模型相一致。但是设计师并不是直接与用户交流的，而是通过系统图像与用户交流，如果系统图像与设计师的概念模型不一致，那么用户就会得到错误的心智模型。诺曼的系统图像概念非常重要，用户在面对一款产品时并不仅仅接触到了产品本身，还包括与产品相关的一系列的事物，这一系列的事物都创造了用户的心智模型。例如，银行的手机应用，用户可能是看到银行张贴的对于该应用的介绍才下载这个应用的，可能下载了这个应用后又通过询问银行的工作人员才了解到如何使用这款应用。在整个过程中，不仅仅是应用本身构建了用户的心智模型，还包括张贴的广告、银行工作人员的介绍。这所有用户能接触的相关的信息都属于系统图像。这里的图像不单单是指用户能看到的信息，也包括用户能听到的、能触摸到的所有的和产品相关联的信息。因而，我们在设计一款产品的时候，应考虑这款产品的所有相关的系统图像，认真考量这些系统图像会让用户产生什么样的心智模型。

然而，以往的著作对于心智模型、概念模型和实现模型的阐述大多都比较零碎，对于如何将这些模型运用到实际的项目中也没有一个比较详尽的介绍。

本章接下来将系统而详细地介绍这三种模型。

5.2 心智模型

心智模型理论的由来

心智模型的概念从 20 世纪末就已经出现了，心智模型的第一个比较全面的定义来自苏珊·凯里（Susan Carey）：心智模型展现的是一个人对于某样东西是如何运作的思考过程（例如一个人对于周遭世界的理解）；心智模型是基于不全面的事实、过往的经验，甚至直觉；心智模型会帮助塑造行为举止；当人们处于复杂的环境中时，心智模型会影响人们关注什么，并且影响人们解决问题的方法和途径。

对于心智模型也有这样的描述：用户对于如何去用一个应用会有自己的理解。这种理解就叫"心智模型"，并且心智模型是较为个人的、零碎的、不确定的和不固定的。

在交互设计领域，心智模型是指人们对于产品（产品可以包括手机应用、计算机软件、平板软件、智能电视、智能家居、医疗系统、车载系统等）的理解，这个理解主要包括这款产品是什么、这款产品有哪些功能、这款产品可以帮助"我"解决什么问题以及"我"要如何使用该产品。

心智模型就如同迷宫

到底什么是心智模型？

使用一款全新的应用就像面对一个陌生的迷宫，需要不断去尝试才能知道怎样可以走得通。一些比较好的应用里会有一些"人性化"的提示，会告诉你什么时候需要左转了，什么时候需要右转了。而不太友好的应用就会把一些我们经常用的、非常重要的功能藏在很深的地方，让我们摸不着头脑，就仿佛我们经常在迷宫里面迷失方向一样（见图5-3）。所以说明书、指南、手册应运而生。有时候你会发现有些工具的使用不仅仅第一次需要说明书，甚至每一次都需要说明书。

我们在迷宫里面每尝试一次新的道路仿佛就会在脑海中绘制出这个迷宫的一部分（见图5-4）。当我们下次面对这个迷宫的时候，我们就会清晰地知道要走哪条路才能到达目的地。人们在使用软件工具的时候也是如此，当第一次面对陌生的软件和应用的时候我们脑海当中并没有这款软件的心智模型，但随着使用次数的增多，我们的脑海中也就逐渐形成了这款软件的心智模型。

图5-3　北京颐和园里的迷宫

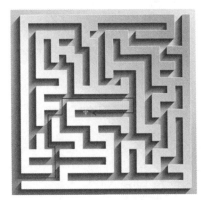

图5-4　迷宫和路线

我们可以回想一下当初我们学习一些比较专业、复杂的软件时的情景，就比如设计师们最常使用的 Photoshop。当我们第一次接触这类专业软件时会觉得完全摸不着头脑，里面有太多我们第一次看到的概念，比如"通道""图层"等。这个时候，我们可能会买一些有关 Photoshop 的书籍，通过看这些书来帮助我们学习这些软件。但是最有效的学习方法还是实实在在地去使用这款软件，通过不断的试错和不断的演练，最后成功地掌握这款软件。这就如同我们在迷宫里面自我摸索的过程，通过一次次的碰壁，我们对于这款软件的心智模型也就逐渐形成。因此，有时候只是去看一些知识并不能代表你已经掌握了这个知识，只有不断地运用这些知识，最后你才能说已经熟练地掌握了这些知识。

心智模型有两个重要的部分。 一部分是这个事物"是什么"——这个事物是由什么东西组成的？它们内部的构造是什么样的？这里的构造和组成也是分为不同的层次的，比如用户对某款软件的理解就会不同于软件工程师对于这款软件的理解。我们对于某个事物的心智模型可能并不完全一致，每个人的理解也会有偏差。对于工具类的事物，**还有一个重要的部分是"怎么做"**——"我"要如何一步步地做才能达到"我"的目标？这个就类似于交互设计师经常绘制的线框图里面的步骤图⊖。

这些软件产品、硬件的实体产品、软件硬件相结合的复杂服务和系统都会在用户的脑海中制造各自的心智模型。只是有的心智模型会较为简单，而有的心智模型会较为复杂。

⊖ 有些公司也叫 use case，中文可翻译为使用图例。这是交互设计师最常使用的一种交互的表现形式，它能表现出用户点击什么地方或者用什么操作方式可以到达什么地方。

人获得心智模型的过程

作为设计师的我们需要去采集用户的行为数据，如页面上某个重要按键的点击率、用户在购物网站上购买产品后付款的成功率。同样的，我们也会做一些定性的用户调研，观察用户如何使用我们的产品。但是这些数据和行为都只是现象，数据只能告诉我们"发生了什么"，而不能告诉我们"为什么会这样"。这些现象的背后还有非常庞杂的原因，是这些原因导致了我们观察和调查到的现象。在这些原因当中，心智模型就是一个很重要的因素（见图5-5）。

图5-5　现象和原因

现象和原因之间并不是互相隔离的，它们是紧密关联的。当我们面对一个问题的时候就需要对这个问题做出决策。比如，当我们非常口渴的时候看到了一杯水，但是这杯水上面冒着热气，因为实在是口渴就去喝了一口水，结果发现水非常烫完全没有办法喝。因此我们脑海里面就会形成这样的心智模型：原来冒着热气的水是很烫的水。我们去喝水就是面对口渴这个问题的决策，我们去喝水就是结果，水很烫就是反馈。这样的反馈就帮助我们构建了心智模型。同时，心智模型也会让我们形成决策规则。在喝水的这个场景里面，我们可能形成的决策规则是：冒着热气的水不能马上喝。这样的决策规则就会指导下一次的决策。图5-6所示为双循环学习模型，这样循环反复的过程也是我们之前谈到的循环系统。心智模型在这样的循环过程中不断地改变和发展。

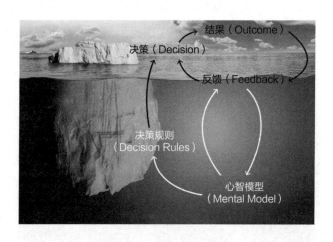

图5-6　双循环学习模型

小孩经常会有各种各样的问题，因为他们正处在飞速构建心智模型的时期。"这个是什么？它的名字是什么？" 这类问题就是关于这个新的概念的名称。而新的概念也是形成新的心智模型很关键的一个部分。

有一天我正在笔记本电脑上忙着做项目，两岁的女儿手上拿着一个我刚用过的 Kindle 走过来问我："妈妈，这个是什么？是 iPad 吗？" 作为母亲的我很清楚这个小家伙脑袋里面肯定在想："这个里面是不是有很多好玩的东西，有很多好看的动画片啊？" 我对她说："不，这个不是 iPad，是

Kindle。"我在她的小脑瓜里面构建了一个新的概念，这个概念叫 Kin-dle。她立马就问："哦，Kindle 啊！Kindle 是什么啊？是用来干什么的啊？"由于当时我忙着做项目没有继续回答她的问题。她马上转到了另一个问题："这个是什么？"她指着 Kindle 旁边那个很小的开关键问我。我说："这是一个开关键。""开关键是干什么的啊？"她问道。"就是可以把 Kindle 打开和关上的啊。"我回答道。"哦，这样啊。"她一边嘟囔着一边开始摆弄那个按键。

当然，除了语言，对这个世界的所有感知都会形成我们的心智模型。当小孩和这个世界开始接触的时候就开始形成了自己的心智模型，当婴儿闻到母亲的味道时就把母亲的味道和爱、温暖联系起来。人在出生之前就开始对这个世界有感知，这些感知也在逐渐地帮助我们建立起我们脑海里的心智模型。

与世界上所有其他的系统相比，人大脑中的系统应该是这个世界上最复杂的了。其实，这也源于人学习的过程，假设我们每学习一个新的知识点就会有一个知识的小气泡形成在我们的脑海当中，我们把这个小气泡叫作概念。随着气泡越来越多，气泡与气泡之间也会发生关联，我们把这种关联叫作连接。随着气泡和关联越来越多，就会形成一张知识的"网"（见图 5-7），我们把这个"网"叫作系统。这些知识的"网"并不是静态的、毫无用处的，我们可以用它们来解决我们所面临的一些问题，这个就如同前面讲到的系统的目标。对，**心智模型**，作为人脑中的系统，也有**目标、要素、连接**。你会发现，你所阅读的这本书作为一个知识体系也是有目标、要素、连接的系统。

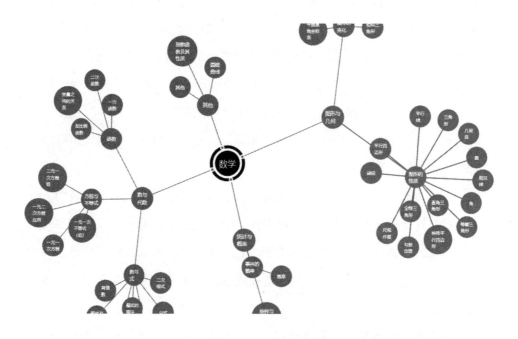

图5-7 "知识网"——初中数学的知识体系

心智模型的更新

用户脑海中的心智模型并不是一成不变的，它们随着人们的阅历和知识的积累不断变化。有时候这种变化是令人喜悦的。当我们第一次接触智能手机的时候，它强大的功能与老式手机相比有着质的飞跃，它让我们的生活变得更加便利，虽然有很多东西需要学着去用，但是在这个过程中欣喜大于学习的苦恼。而有些时候用户学习、内化心智模型的过程会给用户带来痛苦。

　　宜家在全球有非常多的分店，它的经营理念也是非常值得学习的。但是它的购物体验就没有那么完美了。在我去宜家之前，我预想的购物过程应该是：找到一款家具、付钱，然后将这款家具运回家。这个就是我对于买家具的一个心智模型。然而，真正来到宜家后，我发现实际上需要的步骤比我想象的要多得多。当我找到一款心仪的家具之后，我需要找到它的商品号。由于我第一次去的是美国的宜家，对于我这个以中文为母语的人来说就比较难理解了。这个商品号对我来说是一个全新的概念。通过咨询工作人员，我终于搞清楚了什么是商品号。但又有一件事情让我头大了，原来一个商品号下面可以包含许许多多的别的商品号。而且同一件家具的商品号下面的子商品号需要用户自己来找。我们当时买了一个沙发，这个沙发需要四个沙发腿，回家装完沙发后才发现少买了两个沙发腿，后来我们又专程跑回了宜家去买沙发腿，但是当工作人员问我们沙发腿的商品号的时候我又不记得到底是什么了。结果，直到现在，我们买的那款沙发前后沙发腿都是不一样的。

　　对于宜家，"我"的心智模型里所包含的目标是：买心仪的家具。为了完成这个目标，"我"原有的心智模型里的任务是：找到一款家具、付钱、将家具运回家（见图5-8）。但是当真正去购物的时候遇到了原有的心智模型里面没有的新的概念：商品号。这个新的概念给"我"的购物体验带来了很大的困难。通过实践、受挫、学习、再实践的过程"我"就形成了一个新的心智模型，也学习了这个新的概念，假若再次去宜家购物，"我"就会运用新掌握的心智模型去购买心仪的家具了。

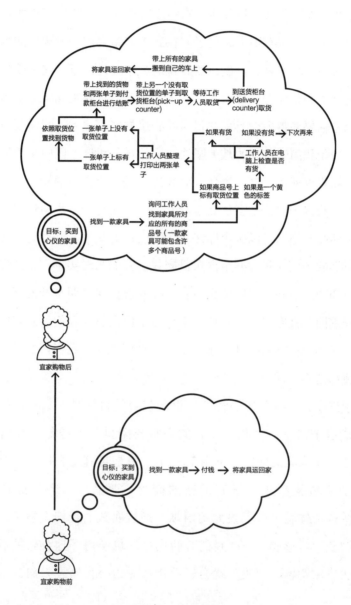

图 5-8 宜家购物

130

心智模型的构成

虽然人脑海中的心智模型是复杂的、不断变化的，但是作为设计师的我们应该知道如何从这样繁复的心智模型中提取出有效的信息，为改善产品和服务提供指引。

在前面迷宫的比喻中，心智模型主要包含两个部分。

第一个部分是迷宫本身"是什么""长什么样子"。"是什么"对应心智模型里的"概念"和"形式"的层级。在人们的脑海中有许许多多的概念，概念与概念之间也形成了有机的连接，就如同迷宫里面的墙体结构。而概念也有它的表现形式，可能是通过语言，也有可能是通过图形，就像迷宫里面墙体粉刷的颜色，或者是迷宫里面左转、右转路标的表现形式。

第二个部分是"怎么做""如何达到目标"。"怎么做"对应心智模型里的"目标"与"任务"层级。当我们对某样事物或某个工具有了一定的了解之后，就知道如何运用这个工具来达到我们的目标。现在的软件产品不同于传统的实体工具，实体工具的使用方式一般比较简单，而软件产品相对比较复杂，需要一步步做对才能达到目标。这就是心智模型里面的目标，我们会知道这个事物可以帮我们完成什么目标。而为了达到这个目标，我们需要一步步地去做，这个就是任务，也可以称为步骤。

因此，对于产品和服务领域来说，心智模型主要是由这四个方面构成的（见图5-9）。

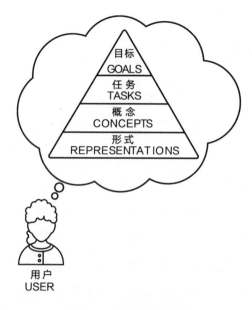

图 5-9　心智模型的构成

（1）目标　目标反映出用户的需求。

（2）任务　为了完成目标用户所面临的任务。

（3）概念　为了实现任务用户所需要掌握的概念以及概念之间的关系。

（4）形式　概念所对应的形式是怎样的。

我们面对一款产品的时候最先想到的往往是"它是做什么的"，这个问题就反映了"我"的目标和"我"的需求。例如，我可以通过手机淘宝来买我需要的东西（见图 5-10），这就是"我"的目标，也是"我"的需求。如何来完成这个目标？这个问题反映的是为了完成这个目标所面临的任务。为了达到这个目标，我需要：打开手机淘宝 App、搜索我想买的商品、找到我想买的那一款商品、加入购物车、提交订单、付款、等待商品发货。这些就是为了完成"购买我需要的东西"所要完成的一系列的任务。为了完成这些任务，"我"所需要掌握的概念有：手机淘宝、所有商品、购物车、订单、快递等。而这些概念有它们的表现形式，有的是通过图标来展示的，有的是通过文字来展示的，而有的是通过数字来展示的。这就是手机淘宝 App 在"我"的脑海中形成的心智模型。

图 5-10　手机淘宝 App 界面

目标与任务

目标，作为心智模型最顶端的内容，引导了人们的行为。目标是高于任务的，当人们心中有了目标后才会去想"我"应该如何做，应该如何一步步地做。这个"做"的过程就是完成任务的过程。艾伦·库伯推崇以目标为导向的设计，目标和任务之间是有明显区别的，他曾在书中说："由于目标受人类动机驱动，因此随时间的推移变化很慢，甚至没有变化。行动和任务则易于变化，因此几乎完全依赖于手头的技术水平。"例如，目标同样是从北京到杭州，在古代可能只能乘坐马车和船只，而如今可以是高铁或者飞机。目标是一样的，但是用户所面对的任务就完全不一样。然而，目标和任务也不是绝对的。

在用户的心智模型里，用户对产品能够做什么会有自己的理解，这个就是心智模型里面的目标。为了达到这个目标需要完成一个个的任务。

目标和任务也是相对而言的，对于目标和任务的界定取决于系统范围的界定。如果我们把任务进行拆解，这个任务也需要一些步骤才能完成，那么图 5-11 所示的第二个层级既可以说是任务也可以说是目标。

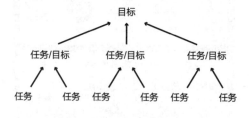

图 5-11　目标与任务的转化

如图 5-12 所示，就拿喝水来说，我们坐在办公室勤奋工作的时候突然感觉到口渴了，这个时候喝水就成了目标。为了完成这个目标，我们需要拿起水杯，走到饮水机前，然后接水。这些都是任务。但是为了完成接水这个任务我们又需要把水杯放置在饮水机特定的位置，然后按出水的按键。所以这个时候"接水"既是任务也是目标，任务是相对于"喝水"这个目标来说的，而目标是相对于"放置水杯""按出水键"来说的。所以说，目标和任务是相对而言的。

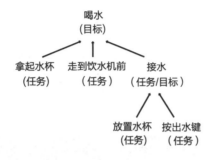

图 5-12　喝水的案例

再举一个车载空调的例子（见图 5-13），肯定有很多人会觉得车上的空调很难用。尤其是第一次开一辆陌生的车的时候，开到半路觉得很热想打开空调，结果按了半天空调一直打不开，或者你想让它出冷风，它不停地出热风。

图 5-13　车载空调

对于一般人的心智模型来说，最常用的就是开关键。如何开空调呢？当然是直接按开关键。但是，很可惜，很多空调的设计师可不是这样设计的。图 5-14 所示为开空调的目标与任务。

开启空调
（目标）

↑

按开关键
（任务）

图5-14　开空调的目标与任务

当我邀请一些从来没有开过这辆车的人来到驾驶座上，让他们完成这个相当简单的目标：开启空调。结果他们都经过了很多尝试才成功地打开空调（见图5-15）。

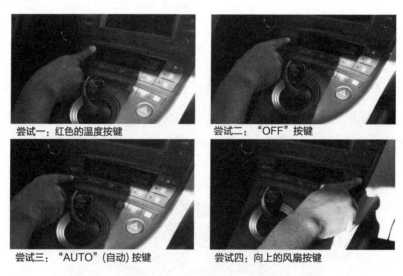

尝试一：红色的温度按键　　　尝试二："OFF"按键

尝试三："AUTO"(自动)按键　　尝试四：向上的风扇按键

图5-15　开启空调的尝试

所以说，开启空调这样简单的任务也可以成为一个难以完成的目标。

如果我们再往更高的层次思考空调的使用场景，这也是在调研过程中用户亲口讲述的，车载空调背后最大的目标是让车内温度适宜。为了完成这个目标，用户需要完成的任务基本上包含：开启空调、调节温度、调节风扇（见图5-16）。

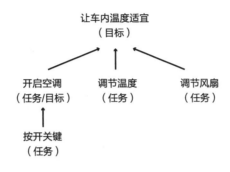

图 5-16　车载空调的目标和任务

　　之所以要关注用户心智模型里的目标和任务是因为设计师的着眼点不同，带来的设计思路和设计结果也将完全不一样。例如，在车载空调的案例中，假如我们关注的点是"如何让用户开车时能够快速地开启空调"，那么我们的设计将围绕车载空调上的按键如何摆放。假如我们关注的点是"如何让车内的温度适宜"，那么我们的设计可能需要更加全面地考虑用户体验，不仅仅是空调，还需要考虑车外的温度、车窗何时开启等，最终设计出来的产品可能不仅仅是一个空调，还是一个温度、湿度的控制系统。

　　我们在做设计的时候要多问几个"为什么？""用户为什么会这么做？"只有当我们充分地了解了用户的目标和需求之后才能做到围绕用户来打破常规设计，真正设计出以用户为中心的好产品。

概念与概念

　　"这个是什么？"这个问题反映的就是心智模型里面的概念以及概念与概念之间的关系。概念与概念之间最简单的关系是层级性。

　　我们在理解一个事物的时候往往需要很多其他的概念来支撑起对这个事物的理解。概念与概念之间是分层级的，就像一个洋葱，一层包裹着一层。Kindle 上有一个开关键，这个开关键的概念就属于 Kindle 概念的子层。这个就是心智模型的层级性，还有另外一个例子也可以帮助我们来理解概念的层级性。

我们可以问自己一个问题："住宅是什么？"每个人都会有自己的答案，但是在谈到房间的构成时，无外乎家里包括客厅、厨房、厕所、卧室等，卧室里面又包括床、衣柜等，衣柜里面又包括春夏秋冬四季的衣服。从住宅到卧室再到衣柜、衣服，这其中跨越了四个层级。我们在找东西的时候就会按照我们的心智模型来寻找，比如说需要找一个厨具的时候，我们就不会去厕所里面找，因为这个不符合大众的心智模型。但是，我们在设计软件的时候往往会忽略这一点，把厨具放到了厕所里面。因此，理解心智模型的层级性是十分重要的，设计师需要去解读目标用户对于不同概念的归属关系是怎样理解的，不要犯厨具放到厕所的错误。

概念与概念之间的关系也可以很复杂。当我们谈到一个事物内部如何运作时就会牵扯比较复杂的概念与概念之间的关系。例如，淘宝里面的物流信息就反映了物流公司与淘宝卖家的运作流程。里面牵扯的概念有：卖家、快递公司、快件、仓库、收件员、扫描员、派件员等。这些概念之间的关系是：卖家将快件从仓库发货给快递公司，收件员收件，快件经过陆运或者空运到达"我"所在的城市，途中会有扫描员对快递进行扫描，而后由派件员派送给"我"。这个就是"我"对于淘宝物流是如何运作的理解，可能这个理解并不全面，但是已经足够了。为了让用户有"掌控感"，让用户感到安心，淘宝给我们展示出了快件在运输的途中到底是如何运作的。但是并非所有的产品都需展示给用户产品的运作过程和原理。例如，我们在使用 iPhone 的时候，只需要将大拇指轻轻按一下圆形的按键，iPhone 就开启并且解锁了。普通用户并不需要知道 iPhone 的硬件结构和软件结构就可以完成这个操作。

概念与形式

　　我们对于一个事物的理解包含了许许多多的概念，概念是很抽象的，就像人们一闪而过的一个念想。但是每个概念都可以通过一定的形式表达出来，或者说和某种或多种形式相关联。例如，当我们提到手机淘宝时，你的脑海里面可能出现了手机淘宝图标的样子。

　　形式可以是图像，也可以是某种声音或者某种味道。当我们提到家乡的时候，你的第一反应可能是妈妈端来的你最喜欢吃的家乡菜的味道。我们能看到的、听到的、触摸到的、闻到的、品尝到的、感受到的等等，这些都可以成为某个概念的形式。图 5-17 所示为概念与形式的对应模式。

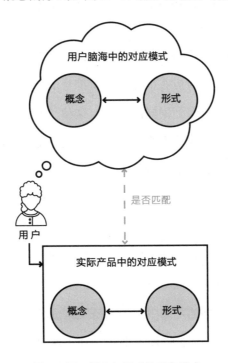

图 5-17　概念与形式的对应模式

人们的脑海里面有许许多多的概念与形式的对应模式。注意，在这里我用的是"模式"（pattern）而非"模型"（model）。模式是指较为单纯的关联方式，在这里是指某个概念与形式的这种关联方式。模型比模式更为复杂，包含的内容更多。我在此谈到的心智模型里面就包含目标、任务、概念、形式四个方面的内容。用户运用这些模式来处理日常生活中所面临的问题。例如，用惯了苹果系统的用户，想关掉一个应用的时候可能就会把鼠标移到对话框的左上角，寻找红色的按钮，因为他们的脑海里面已经形成了关闭按钮对应左上角红色按钮的这种概念与形式的对应模式。当这类用户偶尔要用一下 Windows 系统的时候就会下意识地把鼠标移动到对话框的左上角，当发现没有那个红色的图标时就会意识到："哦，原来这个不是我的苹果电脑啊。"用惯了 Windows 系统的用户在想关闭一个应用的时候可能会下意识地将鼠标移到对话框的右侧，因为他们的脑海里面已经形成了关闭按钮对应右上角的打叉符号的模式。当这类用户要用苹果电脑的时候有可能会遇到同样的问题。这种"不适应"与"不习惯"，就是概念与形式的对应模式不同所造成的，就是用户脑海里面的模式与实际产品的模式的不同和不匹配造成的。

设计师在为用户设计一款产品的时候，要关注这些概念与形式的对应模式。要仔细调研用户习惯用哪些同类型的应用，这些应用的模式是怎样的。除了同类型的应用，同样的功能在完全不同的产品上也会有同样的模式。例如，开关按键的图标（一个有开口的圆形加上一个竖条的图标）广泛地应用到了各种各样的产品中，不论是空调遥控器上，还是有开关功能的手机应用上，都用了同样的图标形式。开关这个概念对应这种图标的模式已经成为全世界广泛接受的一种强相关的对应模式了。用户在想开启或关闭某个功能的时候，脑海里面很有可能就会出现这个图标，然后到实际用的产品中去寻找这个图标，假如产品中有这个图标，该图标也对应同样的功能，那么，用户的对应模式就和实际产品相匹配。这个过程就是模式匹配的过程。

心智模型的共性

心智模型同样是有它的特性的，除了之前提到的个人的、零碎的、不确定的特性之外，它还具有一定的共性。住宅包含卧室、厨房、厕所、客厅等，这就是我们对于住宅的一个较为普遍的理解。这就是心智模型的共性特点，同一文化、地域背景下的人们对同一事物的理解会有一定的共性。我们在进行用户调研时就要敏锐地抓住这些共性。

而不同的文化、地域背景下人们对于同一事物的理解可能会完全不一样。例如，在吃饭的问题上，中国南方的人们可能觉得只有吃上热腾腾的米饭才叫"吃饭"，而中国北方有些地区的人们吃面条或者馒头也叫"吃饭"，而西方人可能吃上一大碗凉拌的沙拉就是"吃饭"了。这也就是为什么我们在做用户调研之前要明确产品的目标用户。

随着人们越来越多地使用软件产品，人们脑海中形成的关于软件的心智模型也越来越多，越来越固化。比如，说到电话功能，人们脑海当中的第一反应就是老式的听筒电话的图形，因此当用户想要在手机上面找寻通话功能的时候就会去找这样的图形（见图5-18）。

因此，我们可以看到，不论是iOS系统的iPhone手机还是安卓系统的手机里面都会采用这样的图标来表示通话的功能。

这也是为什么许多的软件产品，不论是手机上的App，还是网站，都越来越趋于一致。如果有一天，这个通话功能的图标变成了其他的样子，比如长方形的智能手机的样子，就会让很多用户感到疑惑，甚至有些用户可能一时半会找不到通话功能在哪里。

图 5-18　iOS 系统和安卓系统电话图标的一致性

虽然说人的心智模型是复杂的，但是某一特定的群体，在某个时间段，心智模型是有共性在其中的，我们可以通过调研来获得用户的心智模型并引导新的设计。

调研用户心智模型的方法

为了获取用户对于一款新产品或新功能的心智模型，为了指导新产品的更新迭代，我们可以通过三个方向和步骤来获取用户的心智模型：确定调研系统范围、获取用户心理预期、获取用户使用后的心智模型。

当然，为了达到理想的效果，调研的环境与实际的使用环境越接近越好。这里给大家提供一种调研的步骤和方法。

第一步　确定调研系统范围

人的心智模型是十分复杂的，为了让调研结果可控，首先调研者需要具有非常明确的目标。知道调研的产品和系统范围是什么。

如果你所面对的是一款非常复杂的产品，而你所拥有的时间又特别有限，没有大量的精力放在调研上面（实际上，绝大多数的互联网公司都面临这样的问题），我们可以把注意力放在关键的某个小功能上面，或者某几个关键的操作步骤上面。

如何定义产品的关键功能和关键步骤？乔布斯曾经说过：成功不在于你做了什么，而是在于你没做什么。因为**我们的时间和精力是有限的，只有把精力放在了最值得放的地方，才会做出真正有价值的产品**。我们做的产品需要有哪些功能，哪些功能比较重要，这些都是围绕用户来决定的。如果你不能确定哪些是关键功能，你可以尝试问自己哪些功能对用户来说最重要。

有些公司会设置 OKR[⊖]和产品的北极星指标。而这些指标都与产品的核心价值紧密关联，当我们找准了产品的核心功能之后，针对这些功能进行优化，这些指标也会有相应的提升。例如，像支付宝支付、微信支付这一类功能的核心指标是用户支付的成功率，因此就应调研用户对于支付的心智模型。

对系统范围的界定可以从用户的目标来着眼，例如，在线下支付的场

⊖　OKR 的英文全称是 Objectives and Key Results，它是将衡量产品成败的关键指标，与产品团队成员的绩效考核关联在了一起。

景中，用户的目标就是为了购买某件商品。确定了目标之后就可以开始制定用户的任务。为了完成购买商品的目标，用户需要完成的任务可能包括：挑选商品、支付商品、将商品运回家。这些任务可能包括下一级的子任务。**我们在做用户调研之前需对用户的目标和任务有一定的设想，然后找出哪些地方是很重要的并且用户可能会产生疑惑的，然后针对这些地方进行调研。**

这与科学调研一样，调研者需要对可能的结果有一个预判。但是，需要注意的是在调研的过程中不要让这种预判影响到被调研者，避免对被调研者形成心理暗示。

第二步　获取用户的心理预期

当用户在使用某个产品或某个功能之前，都会对它有一个心理预期。这个心理预期对于产品的优化有非常重要的借鉴价值。

我们所设计的任何产品都是为了帮助用户解决某些问题，或者说因为用户有这方面的需求才会去使用我们的产品。所以从设计者的角度来说，我们会去设想用户在使用我们这个产品时的目标是什么，为什么使用我们的产品。这个就需要我们针对用户心智模型里面的"目标"来进行调研。

针对用户目标和用户需求的调研可以说是心智模型调研里面最重要的一个部分。因为如果用户根本没有这样的需求，或者用户使用你的产品的目标和你设想的完全不一样，那么接下来所有的工作可能都会误入歧途。

如果用户没有使用过这款产品或功能，你可以这样询问他们："您认为这个产品（或功能）是用来干什么的？"如果用户使用过这款产品或功能，你可以问他们："您一般都用这款产品（或功能）来干什么？"

同时，你也可以尝试获取心智模型的第二个层级——任务，即为了达到这个目标要经过怎样的步骤。你可以问这样的问题："你觉得需要怎样做才能 XXX（被调研者之前提到的目标）？"

除了通过语言的方式，对于某些用户可以给他们提供纸和笔，让他们把他们脑海当中的想法画出来。当然，在这个过程当中要让被调研者感到自然和放松。

除此之外，获得用户心理预期的最重要的调研方式就是实实在在地看用户如何使用产品，并且用视频记录下用户的使用过程。

2018 年年底微信推出了"时刻视频"的功能（见图 5 - 19），也就是可以拍摄小视频但是不需要发布到朋友圈里面的功能。设计者的初衷是缓解社交压力。

图 5 - 19　时刻视频

我们在 2019 年 1 月初的时候做了关于时刻视频心智模型的调研。因为这是一个比较新的功能，很少人已经建立起了对于它的完整的心智模型，有些人只是偶尔听过"时刻视频"或者偶然的机会看到过别人发布的"时刻视频"。

图 5-20 所示为一位被调研者绘制的他的"心智模型"。

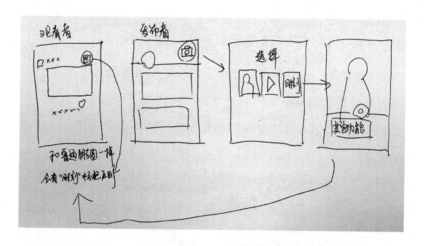

图 5-20　被调研者绘制的"时刻视频"的心智模型

他认为时刻视频应该是通过朋友圈的"照相机"发布的，因此他反复地点击"照相机"的图标（见图 5-21），希望找到发布"时刻视频"的地方，当然了，一直没有成功。

他为什么会不停地点击"照相机"的按键呢？"时刻视频"对于新的用户来说是一个新的概念。在用户还没有对它形成心智模型的时候，用户会运用已有的心智模型来决定他们的下一步的行为。用户对"时刻视频"没有概念，但是还是知道"视频"是什么的，因此他就在平时拍摄视频的地方找是否可以拍摄"时刻视频"。

　　还有一位被调研者反复地尝试点击微信首页的"＋"的按键，希望从这里找到拍摄"时刻视频"的地方，当然了，也没有成功（见图5-22）。

图5-21　视频截图——使用过程中尝试点击"照相机"图标

图5-22　视频截图——使用过程中尝试点击"＋"图标

　　用户的行为是最真实的证据。这一类用户认为发视频是一个"添加"的过程，因此他们会点击"＋"这个图标。可能这一类用户已经知道"时刻视频"和朋友圈的视频是不同的两个概念。

　　因此，用户第一次使用产品的过程可以非常好地体现用户的心理预期，这些心理预期是引导我们日后做好设计的依据。

第三步　获取用户使用后的心智模型

　　在用户使用完产品之后，就会对这款产品形成自己的心智模型（见图5-23），我们可以通过访谈和用户绘图的方式获取用户使用后的心智模型。

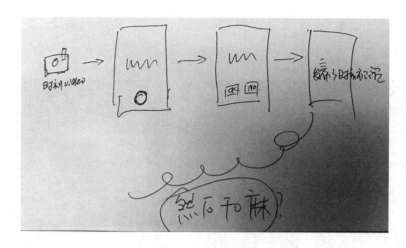

图 5-23　视频截图——使用后的心智模型

　　这位用户使用后的心智模型只是"可以通过时刻视频来发视频"，但是发完视频之后"做什么"就不知道了。我们知道用户发布完时刻视频之后可以通过点击"气泡"来进行互动（见图 5-24），但是针对这个功能很少有用户可以立刻形成心智模型。

图 5-24　视频截图——用户反复点击"气泡"按键

有些设计师认为很重要、很显而易见的功能，用户往往并不知道如何使用它，并且无法形成较健全的心智模型，这个时候，设计者就应好好想想是哪里出现了问题，又应该如何改进。

2019 年 1 月中旬微信将"时刻视频"的名称变更为"视频动态"（见图 5-25），这个名称比"时刻视频"好，因为"时刻视频"是一个新词，人们很难接受它所传达的概念。另外，针对这个功能微信增加了如图 5-25 所示的提示页。 提示页是一个帮助用户构建起心智模型的手段，用简短的语言和简洁的图示让用户理解这个功能到底是用来干什么的以及如何去用它。但是，提示页并不是最好的解决手段。它就像我们新买了某个产品，打开包装之后展现在我们面前的是说明书而不是产品本身，我们往往只有阅读完说明书后才能使用产品。但是，一般的情况是我们会迫不及待地拆开产品的包装，然后直接使用这款产品。所以说，产品本身所传达的内容才是最重要的。

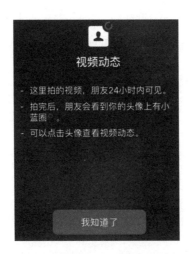

图 5-25　时刻视频更新后的提示页面

这里，我们用表格的形式总结调研心智模型的方法，如图 5-26 所示。

确定调研系统范围	获取用户心理预期		获取使用后的心智模型
	使用前	使用中	使用后
制定、假设用户的目标与任务 列出可能会让用户困惑的部分 制定调研计划	用户访谈 用户手绘	调研者适时引导 （如为被调研者下达任务） （视频）记录使用过程	用户访谈 用户手绘

图 5-26　心智模型的调研方法

前面所讲述的调研方法中最核心的部分是要去将"我们"（设计师、调研者）心中所设想的用户的目标与任务与"他们"（用户、被调研者）实际的、脑海当中的目标与任务进行对比。其中，最为有效、珍贵的过程是用户实实在在使用产品的过程。**他们的手指在屏幕上的每一次停顿与迟疑都表现出了"我们"与"他们"所想的不同之处。**

"他们"脑海当中的模型是心智模型，那"我们"脑海当中的模型是什么呢？

接下来就为大家介绍本章节的重点——概念模型。

5.3　概念模型

概念模型理论的由来

前面我们谈的都是从用户的角度出发，探讨用户脑海中的内容。但是仅仅探索用户脑海中的所思所想是远远不够的。设计师需要一个能表达完整的交互的模型语言——概念模型。

　　概念模型是指用户与之交互的模型，是来自于设计师的模型。设计师将概念模型转换成系统图像[⊖]，当用户与系统图像交互时，即是与设计师的概念模型交互。**比较理想的状态是设计师的概念模型来源于用户的心智模型，同时也是对用户心智模型的一个设想。**

　　概念模型的理论由来已久，不同的人对概念模型的定义和理解也有所不同。

　　苏珊·魏因申克对概念模型是这样定义的：概念模型是通过产品的界面展现给用户的切实的模型。

　　杰夫·约翰逊和奥斯丁·亨德森对概念模型是这样定义的：

　　一个可交互的、应用的概念模型是指：

　　1）这个应用的架构（structure）：对象（objects），以及它们的操作方式（operations）、属性（attributes）和关系（relationships）。

　　2）对于这个应用是如何运作的一个理想化的视角（idealized view）——设计师期望用户未来将会内化（internalize）的模型。

　　3）用户运用的机制原理（mechanism）来完成任务，这些任务是这个应用所支持。

　　约翰逊和亨德森对于概念模型的定义非常有借鉴意义。在他们看来概念模型包括：用户所需面对的概念（约翰逊和亨德森称之为对象）以及这些概念之间的关系；用户对于这个应用的工作原理的理解，这个工作原理并不是完整的工作原理，而是用户为了完成目标和任务所必须掌握的工作

　　⊖　唐纳德·诺曼在《设计心理学》中谈到了"系统图像"。系统图像是指产品展现给用户的一切的形态、形式，如软件产品的界面、实体产品的造型、服务设计里的所有用户能接触到的事物的展现形式。

原理。这两方面的内容构成了概念模型。当用户与该应用或者该产品交互时，用户就会"学习到"这个概念模型，因而会"内化"成用户的心智模型。因此，概念模型也是设计师对于用户的心智模型的设想。

　　这里还有一张图可以帮助我们理解什么是概念模型（见图5-27）。图5-27来自于提姆·施坦纳（Tim Sheiner）和休·杜伯里。图5-27中右下角的是设计师，这些设想就是设计师脑海里面的概念模型。用户在用一款产品的时候首先是怀揣着目标（或者说是用户的需求）来与这款产品交互的，交互是通过界面（或者说是呈现的形式）来实现的。界面所展示的是输入和输出的内容，连接输入和输出的是逻辑，在逻辑的背后有数据库。在提姆·施坦纳看来用户的概念模型还应包含对象模型和数据模型。对象模型是指交互过程中所涉及的元素和它们之间的关系。数据模型

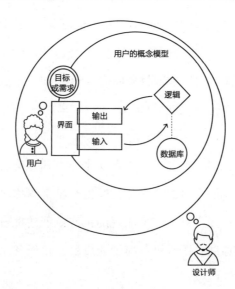

图5-27　施坦纳的概念模型

是指用户是如何管理对象的状态。提姆·施坦纳把这所有的叫作设计师的概念模型，而其中用户脑海中的模型叫作用户的概念模型。图5-27所示为施坦纳的概念模型。

图5-27具有一定的借鉴价值，设计师需要对用户脑海中的模型有一定的设想和理解。用户在用一款产品的时候用户心中的目标和需求是十分重要的，这个需求驱使用户去使用这款产品。但是图5-27也有一定的问题，在接下来的部分，逻辑连接了输入和输出的数据、逻辑下的数据库，以及对象模型和数据模型，更接近于软件的工作原理。可能某些较为专业的用户会这么去理解一款软件应用，但是绝大多数的用户是很难理解软件的工作原理的。而且，用户往往并不需要去理解工作原理就可以成功地使用好一款产品。

把图5-27放在这里还有一个原因是目前交互设计领域对于概念模型的定义比较模糊，**笔者认为不应把设计师脑海中的模型和用户脑海中的模型都统称为概念模型，应加以区分，因为设计师脑海中的概念模型始终会与用户脑海中的心智模型有所不同。**笔者比较认同唐纳德·诺曼和苏珊·魏因申克的观点，称用户脑海中的模型为心智模型，而设计师脑海中的模型为概念模型。

什么是概念模型

概念模型通俗地讲就是设计师认为的用户对于所设计的产品的理解。在理解概念模型之前，我们可以先去思考一下，什么是概念。

曾经有位同学跟我说："怎么这么多专业名词，我对它们一点概念都没有。"也有位同学说："概念模型到底是个什么概念？"其实，概念就是我们对某个事物的理解。

在"啥是佩奇"的小电影里面爷爷想为孙子准备一份礼物，孙子说想要佩奇，但是爷爷对佩奇一点概念都没有，到处去问"啥是佩奇"，最后在一位亲戚的指导下自己手工做出了一个"佩奇"。

这个就是从没有概念到获得概念的过程。

在一个给老师用的教育类产品的项目中，有一次我在查看用户反馈的问题列表。有一位老师说过的一句话我印象特别深，她说："求你们了，我们老师的工作负担已经够重了，少一些不知所云的概念吧！（见图5-28）"因为在这款软件里面有很多让老师不能理解的功能，需要消耗很多额外的时间来弄清楚到底应该如何使用。

"求你们了，我们老师的工作负担已经够重了，少一些不知所云的概念吧！"

图5-28　一位老师对软件的问题反馈

对于这位老师的反馈，我感到既吃惊又懊恼。我似乎可以想象到这位老师在使用这款产品时的场景：她工作了一整天，拖着疲惫的身体，打开了一款老式的笔记本电脑，好不容易登录成功了，但是始终找不到自己想要的功能，尝试了好多不同的按键，但是都不是自己想要的。

我们是否反思过自己的产品会给用户带来巨大的困扰，是否反思过产品设计过程中一个"随意"的决定会消耗无数用户更多的时间和精力去理解产品，是否反思过一次对“利益相关人”无理需求的妥协带来了产品长远的负面影响。

什么是概念？设计师要如何管理用户对产品的概念？这些都是基本、基础、必备的知识啊！当我第一次接触到这些知识的时候我感到非常振奋，这就是交互设计的核心知识啊！

设计和管理用户对产品的概念——这就是概念模型要去做的事情。

前面我们讲到了很多关于心智模型的内容，概念模型与心智模型有非常紧密的关联。

往往用户的心智模型与设计师的概念模型有着非常大的差别。

在前面提到的车载空调的案例当中，我邀请调研者坐到了一辆他们从来没有使用过的车上，邀请他们使用这辆车的车载空调。他们所面临的第一个最简单、最基本的任务就是打开这台车载空调。然而，被调研者往往需要经过好几次的试错才能找到最终能开启空调的按键。图 5－29 展示了他们试错的按键和在每个按键上停留的时间。

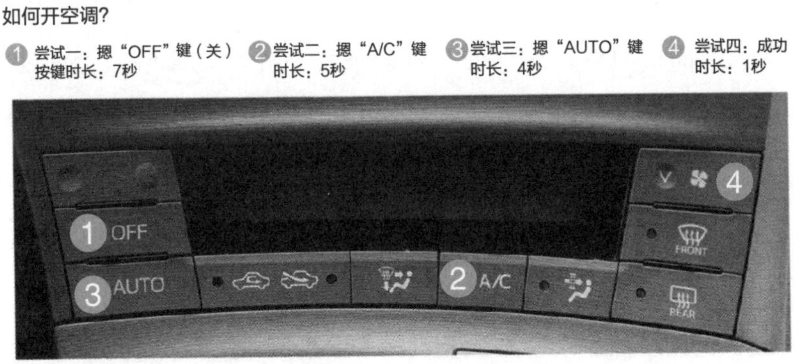
如何开空调？
① 尝试一：摁“OFF”键（关） 按键时长：7秒
② 尝试二：摁“A/C”键 时长：5秒
③ 尝试三：摁“AUTO”键 时长：4秒
④ 尝试四：成功 时长：1秒
1 OFF
3 AUTO
2 A/C
4
FRONT
REAR

图 5－29　车载空调案例中心智模型与概念模型的不匹配

用户在使用产品过程中的"试错"就展现了用户的心智模型与设计师的概念模型的不匹配。这位被调研的用户不假思索地认为"OFF"和"ON"应该是绑定在一起的，就像我们平时经常使用的电灯开关（见图5-30）。

图5-30　电灯开关

我们日常生活中经常使用的电灯开关就是"ON"（开）和"OFF"（关）绑定在一起，摁一下打开，再摁一下就关上了。所以，这样的生活经验在我们的脑海深处已经形成了非常稳固的心智模型。而当我们面对一个全新的产品的时候，这样的心智模型也会深深地影响我们的决策和行为。

然而这款车载空调的设计者所设计的概念模型并不是这样的，首先，"ON"和"OFF"并没有放在一起，其次"开关"如此常用的功能隐藏在了"风扇"按键上面。

这就是设计师的概念模型与用户的心智模型不匹配的实例。

概念模型与心智模型一样，也分为目标、任务、概念和形式（见图5-31），但这些都是设计师对于用户心智模型的一个假设。设计师的概念模型与用户的心智模型并不能进行直接的交流，它们是通过产品来进行交流的，当然，产品本身也可以分成很多层级，但是直接与用户交流的是产品的"外貌"。这些与用户直接交流的是系统图像。因为有着这样的转化，所以用户的心智模型与设计师的概念模型常常是不匹配的。

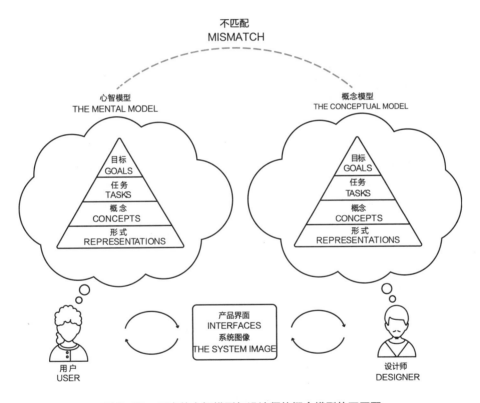

图 5-31　用户的心智模型与设计师的概念模型的不匹配

最理想的状况是用户的心智模型与设计师的概念模型保持匹配（见图 5-32）。

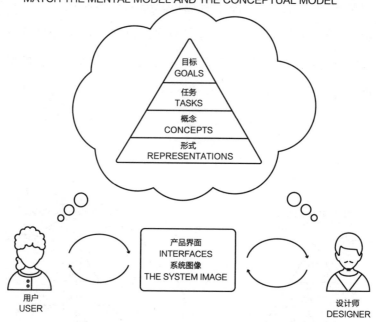

图 5 - 32　匹配用户的心智模型与设计师的概念模型

这也是我们平常所说的同理心（见图 5 - 33）和换位思考的体现。

图 5 - 33　同理心

换位思考的能力人人都有，但是有些人比较擅长而有些人不太擅长。它也是我们每个人所应拥有的一个很重要的能力，这种能力对于设计师来说尤为重要。但是，随着年龄的增长、人生阅历的增加，有些人的同理心可能已经被岁月摧残出了厚厚的一层茧，慢慢地变得不那么敏感了。

而这些心智模型、概念模型的理论可以帮助我们不断地唤醒我们的同理心，不断地锻炼我们的同理心，让它变得敏感而充满活力。

概念模型的表现形式

实际上，概念模型并没有固定的表现形式，只要能清晰地传达出概念模型里的目标、任务、概念、形式里的一个或几个层级就行。

但是，为了让大家对概念模型有更加清晰的认识，我在这里针对概念模型的任务与概念的层级介绍两个主要的形式：一种形式是表格，另一种形式是地图。

概念模型的表格表现形式

表格表现形式来自于杰夫·约翰逊和奥斯丁·亨德森。他们把概念模型的表格分成三列：第一列是对象，对象是指用户运用某个产品或某款软件会遇到的"概念"；第二列是属性，属性是指针对这个"对象"可以设置、修改的参数；第三列是操作，操作是指用户可以对这个"对象"做些什么。

就拿闹钟来说，闹钟有着比较简单的概念模型，图5-34所示的这两款闹钟虽然在展现形式上有所区别（一款是用电子的数字来展现时间，另一款是用指针来展现时间），但是它们有着相同的概念模型。

图 5 - 34　闹钟

按照对象、属性、操作的方式列出表格（见图 5 - 35）。

对象（Objects）	属性（Attributes）	操作（Operations）
当前时间	时钟、分钟	用户看当前时间 用户改变当前时间
闹铃时间	时钟、分钟	用户看闹铃时间 用户改变闹铃时间
闹铃	开/关 小睡 停止	用户可以打开或关闭闹钟 用户设置小睡 用户停止闹铃

图 5 - 35　闹钟的概念模型——表格的形式

有很多同学会有这样的疑问：到底什么是"对象"？

对象一般来说是一个名词，也就是用户为了完成他们的目标他们需要掌握、需要知道的东西。这些对象的制定对于产品来说非常重要，它们直接影响到用户是否能达到他们的目标。比如在微信这款应用里面，"朋友圈"就是一个很重要的"对象"，没有使用过微信的人对"朋友圈"就完全没有概念。

你可能会有这种疑问：难道产品里所有的"对象"都要列出来吗？

这个问题也一度困扰着我，因为软件产品一般都比较复杂，如果要把所有"对象"都罗列出来会非常耗时。在产品开发的初期，我们可以先罗列出比较重要的、容易引起歧义的，或者团队自己创造出来的一些新词。比如在前文中谈到的微信时刻视频的例子，微信团队把这个功能的名称由"时刻视频"改成"视频动态"，对于这样的"对象"的定义就十分有必要了。

学过编程的同学可能会觉得"对象"这个词耳熟，比如说面向对象的编程语言。这是因为杰夫·约翰逊本人拥有非常深的编程背景。他们还提出了一个让人非常振奋的目标：**当产品负责人定义好概念模型之后，编写程序的工作与界面设计工作就可以同步进行了！** 这样产品开发的时间可以大大缩短。因为概念模型定义出了产品的底层逻辑，编程人员可以先着手编写这些底层逻辑。

我觉得可以把这个命题也留给正在阅读此书的你：如何让概念模型帮助实现开发与设计工作的同步进行？

概念模型的地图表现形式

俗话说"字不如表，表不如图"。

有一件事我印象特别深，小时候有一次要背诵一篇特别长的语文课文，我今天还记得是朱自清的《荷塘月色》，当时我怎么背都没有办法背诵下来。已经很晚了，眼睛的上下眼皮都开始打架了，而且第二天一早老师就要检查，怎么办呢？我潜意识地开始在纸上胡乱地画了起来。 突然，灵机一动：为什么不把这篇散文画下来呢？于是我就开始画这篇课文中的"曲曲折折的荷塘""亭亭的舞女的裙"，甚至还有"刚出浴的美人"。第二天背诵这篇文章的时候，脑海中浮现出了我当时画的那些画，结果竟然很顺利地背完了。

图片比文字更加容易让人印象深刻。一张图胜过千言万语。我在读高中的时候，考试之前老师经常会用图形化的形式将知识点串起来，帮助我们复习和记忆。那个时候大家还不知道什么叫作"脑图"，但是会不自觉地画出类似于"脑图"的图来帮助自己整理知识。人的大脑对图的接受和记忆能力往往比单纯的文字要强。

在公司里向上级汇报的时候，大段大段的文字是没有人看的，一大张表格也需要花费很大的气力来解读，而图形，尤其是一些有意思的图形往往更加具有说服力和感染力。

在 1984 年出版的 *Learning How to Learn* 一书中就提到了用概念地图（concept map）（见图 5-36）的形式展现出人脑海中的知识结构。

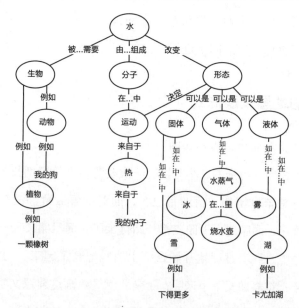

图 5-36　概念地图示例(中文)

这张概念地图是由英文翻译而来的，原图如图 5-37 所示。

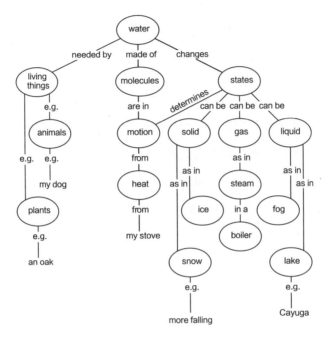

图 5-37　概念地图示例（英文）

我们会发现这种概念模型的构图方式非常像一句话，它是由主语、谓语、宾语的形式画出来的，比如说："water changes states"（水改变形态）。其中主语和谓语一般都是名词的形式，如"water"（水）、"living things"（生物）、"lake"（湖），而谓语就是连接前后两个名词的连接词，如"can be"（可以是）、"changes"（改变）。

如果我们把这种形式进一步抽象化就是图 5-38 所示的主语-谓语-宾语的形式。这种形式的好处就在于它的可读性强，不容易引起歧义。如果你的图中是中文，只要是会中文的人都可以读懂。

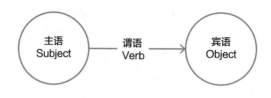

图 5-38　主语-谓语-宾语

如果我们把这种形式进一步地抽象，就是图 5-39 所示的节点-连接-节点的形式，这种形式我们在前文的系统构成部分谈到过。这是因为概念模型也是一种系统，系统包含目标、要素、连接三个部分。在概念地图里的这些"节点"（"主语""宾语"）就是系统的要素，连接这些"主语""宾语"的"谓语"就是系统的连接，它把概念和概念连接了起来。

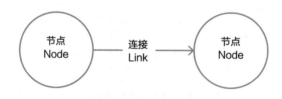

图 5-39　节点-连接-节点

图 5-40 所示为 Hugh Dubberly 所提倡的概念模型表现形式，是一种"地图"的形式。并且他提倡用一种规范化的图形表现形式（见图 5-41），例如，不同的颜色代表不同类型。这种地图里面也有对象，这些对象一般都是名词的形式，如"钟""现在的时间"。在图 5-41 中，他运用黑色表现对象，蓝色表现对象和对象之间的关系，箭头表现数据的结构。这样的箭头让阅读变得更加有方向感。同时，在某些对象的下方可以罗列出用户可以对这些对象进行的操作。这些都是和杰夫·约翰逊和奥斯丁·亨德森的表格的形式相对应的。

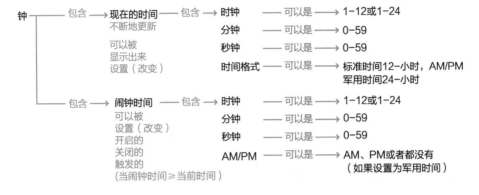

图5-40　Hugh Dubberly 所提倡的地图表现形式

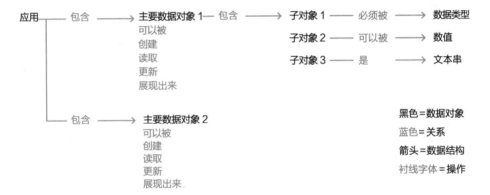

图5-41　Hugh Dubberly 所提倡的规范化的图形表现

　　表格的表现形式和地图的图形化表现形式是目前比较常见的两种概念模型的表现形式。然而，我们在面对不同的产品、不同的项目的时候也需要根据产品本身的特性来绘制。这是因为用户对不同产品的心智模型会有很大的差异性，比如我们对于邮箱的理解和对于微信朋友圈的理解就会很不一样。因此，我们在绘制概念模型的时候，可以运用一些设计手法来表现出更加符合产品特性的概念模型。

设计概念模型的方法

第一步　目标和任务分解

构建产品概念模型的时候也应该从"目标"着眼来进行设计。

如何定义产品的"目标"呢？同样的，这个问题要归根于用户的心智模型。因为**概念模型就是对用户心智模型的假设。**

那我们到底应该如何理解"目标"？

唐纳德·诺曼将人的目标分为三种类型：体验目标、最终目标和人生目标（见图5-42）。体验目标是指人最本能的一些目标，如感觉有趣、放松，是一种在直接感受上的一些需求。最终目标是指在行为层次上的目标，是用户使用某个产品、执行某项任务的动机。目前，绝大多数的软件产品都是针对用户的最终目标。例如，和朋友家人保持联系，收看我喜爱的电视节目。人生目标展现的是人长远的目标和愿景，它反映了人的根本动机，而这种动机时常关系到人们的人生观和价值观。

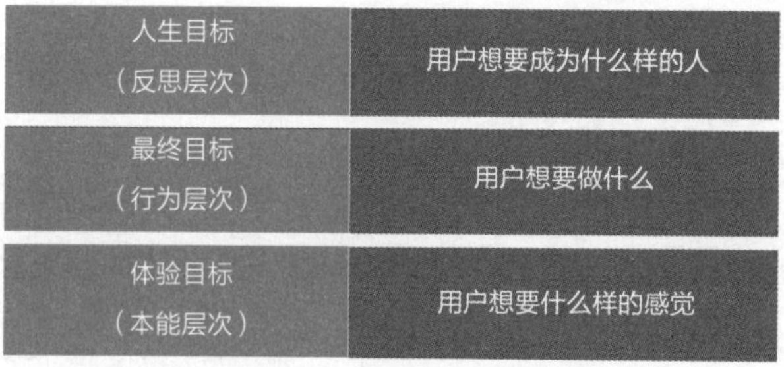

人生目标 （反思层次）	用户想要成为什么样的人
最终目标 （行为层次）	用户想要做什么
体验目标 （本能层次）	用户想要什么样的感觉

图5-42　目标的三种类型

这三种目标实际上并不是完全割裂开来的，它们之间会相互影响，相互依存。当我们第一次去使用一款产品的时候，一般都是依靠着"本能"

去使用，就如同前文中提到的"模式匹配"的方式。用了几次之后我们就知道这款产品可以帮助我们做什么，可以帮助我们达到什么样的目的，这就是"行为层次"。如果这款产品更深入地影响着我们的生活，那么就会在"反思层次"进行思考。例如，这款产品是否会帮助"我"实现更长远的目标，或者这款产品是否会阻碍"我"实现人生目标。

目前很多设计师考虑的仅仅是体验目标和最终目标，而很少考虑到用户的反思层次即用户的人生目标。我们在设计一款产品的时候往往会思考"用户会如何使用它？"或者"它会给用户带来什么样的感受？"而很少会去想"它会给用户带来什么样的反思？"或者"它能帮助用户实现人生目标吗？"

随着人们对微信的使用越来越频繁，微信已经不仅仅是一个沟通交流的工具。人们在朋友圈里面分享照片、感想和链接，它仿佛成为人自我形象树立的一种方式，人们希望通过这种方式让自己感受到有魅力、受欢迎、被尊重。很多人都会非常在意自己发布的朋友圈有多少人点赞，有什么样的回复。有时候这种在意还会带来社交压力。很多人都有这样的经历：朋友圈编辑了半天，删了改，改了删，最后还是决定不发了。因为发朋友圈就像是在大广场上发布自己的日常生活，大家会去想别人看到这些照片和文字后会对"我"有什么样的看法。这些就是用户在反思层次的一些思考。

针对这个问题张小龙（微信的创始人）曾说，如果可以重新来过，朋友圈和相册应该是两个独立的东西，应该是两个概念，只是当时不小心分在了一起。

为了让大家更好地理解如何运用概念模型的方法来设计产品，在这里我就拿微信作为例子。假设我们是微信的设计师，我们应该如何设计这"两个概念"呢？

图 5-43 所示为目标与任务分解示例。

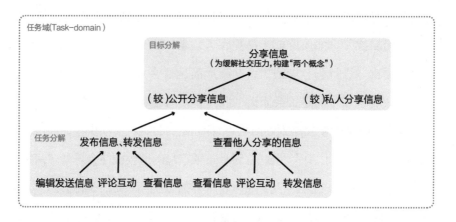

图 5-43　目标与任务分解示例

对于微信的朋友圈来说，用户的目标是"分享信息"，因为单独地公开分享信息（朋友圈）会带来社交压力，所以我们可以把这个目标分解为"（较）公开分享信息"和"（较）私人分享信息"。当我们拿到某个设计需求的时候也可以从这个角度思考去设计产品：用户的目标是什么？为了达到这个目标是否还有子目标？

在心智模型的章节里我们也谈到过目标与任务并没有非常明显的分界线，它们之间也是相对的。但是，目标是更加接近于用户需求的描述，而任务更多的是描述如何做。

在任务的层级我们也应进行分解。对于"（较）公开分享信息"这个目标，用户需要完成的任务分为两个方面：一方面是自己来发布信息，比如自己照的照片和自己写的文字；另一方面是查看他人分享的信息。对于这些任务也可以进一步地分解。这就是任务的分解过程。当然了，这个例子并不完整，任务还可以继续分解。

我们在拿到某个设计需求的时候不应该立即用线框图画 use case，线框图和 use case 只是一种表现形式。我们需要从用户的需求开始分析（这个需要借助用户调研），当明晰了用户需求之后，就可以做这个目标和任务的拆解工作。

当我们在画界面的线框图时，经常需要考虑到底是针对哪些任务来画 use case。通过这种目标和任务的拆解就可以一目了然地知道哪些任务是重要的任务，哪些任务是需要用线框图来解释说明的。

这样的分解图还有一个重要的作用：聚焦！聚焦在任务域里面。概念模型必须尽可能地在任务域里绘制。这里的"任务域"就是指用户的目标与任务。我们在设计产品的时候应该围绕用户的目标和任务来设计。

为了方便团队交流，提高效率，这样的分解也可以用脑图软件（XMind、MindManager 等）来绘制，也可以用图表的形式记录下来。

第二步　设计概念及其之间的关系

对于用户来说，为了使用一款产品，除了需要知道"这款产品能帮助我干什么""我要如何做才能实现我的目标"之外，对于产品是如何运作的也应有一定的了解。这里所说的"如何运作的"就是前文中所说的迷宫的墙体结构，也是关于"这款产品是什么"的问题。

还是举微信朋友圈的例子。假设这个时候"朋友圈"还不存在，而我们就是要去设计这款产品的人，我们应该如何设计呢？

前面我们通过用户目标和任务的拆解得出：针对这个产品模块，用户的主要目标和主要需求是分享信息。针对这一类的需求，我们可以联想到前面谈到的通信系统模型（见图 5-44）。

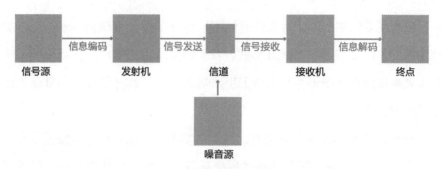

图5-44　克劳德·香农的通信系统模型

为了便于理解，我们可以将这个模型进行简化（见图5-45）。

图5-45　简化的通信系统模型

我们要做的这款产品就是让信号源和终点进行沟通和交流。这也是很多通信交流类的产品最主要的模型。我们在构建概念模型的时候，首先要先确定这种最基本、最基础的模型，然后再进行进一步的搭建。当然，针对不同类型的产品，基本结构也是不一样的。**大家在设计概念模型的时候，需要根据不同的产品类型设计不同的模型结构。**

当然，这样的沟通并不是单向的，而是双向的。通信系统模型可以帮助我们理解产品，但是，我们并不应该直接用通信系统模型里面的词语来描述我们的概念模型，**因为，概念模型是需要反映用户心智模型的，我们应该以更加接近于用户心智模型的语言来绘制产品的概念模型**（见图5-46）。

图5-46　"朋友圈"案例的概念模型基本结构

"我"（用户）就是"信号源"，而"我"的好友就是"终点"。反之亦然，"我"也是"终点"，而"我"的好友是"信号源"。

接下来，我们就可以详细地去思考，这款"产品"内部的结构是怎样的。

既然用户的首要目标是"（较）公开分享信息"，那么"信息"到底有哪些？用户对这些"信息"又可以做些什么呢？

图5-47所示为"朋友圈"案例的概念模型（信息的构建）。我们可以看到，信息包含原创的信息，如文字、照片、视频，同时包含转发的信息，比如我们转发到朋友圈的链接。这就是信息的分类，这也是概念模型里面的"概念"部分。而图5-47中的"包含"就是概念与概念之间的连接关系。

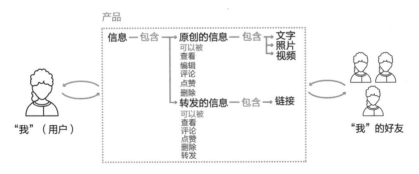

图5-47　"朋友圈"案例的概念模型（信息的构建）

当然，对于完整的软件产品来说，概念与概念之间的关系有时会非常复杂。这个时候，我们应该怎么做呢？

我们设计的每一个概念都应该是围绕用户的目标与任务，这个原则我们不可以忘记。然后我们应该从重要的目标与任务开始设计，之后设计次要的目标与任务。

我们在绘制概念模型的时候也可以省略其较外围的模型的基本结构，而专注于产品本身。**这种省略和专注取决于你将系统的范围定义到了哪里。**

对于"朋友圈"来说，还有一个任务是收藏。用户可以把链接收藏起来方便日后查找。我们在概念模型里面可以按如图5-48所示的方式表达。

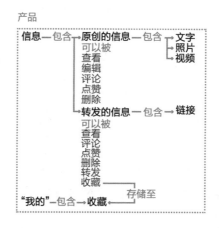

图5-48 "朋友圈"案例的概念模型（收藏的构建）

通过用户调研发现很多用户都不知道收藏功能把内容收藏到哪里了。这是因为从产品的概念模型来思考，信息来源（如链接）和"我的"收藏"距离"比较远，换句话说，概念与概念之间的连接比较少。因此，针对这种情况，我们就应该在界面设计的时候多加引导。

当然，概念模型包含的内容可以很多、很复杂。

图5-49所示为Hugh Dubberly分享的比较完整的概念模型图，这张图表现的是安卓手机上的电子邮件客户端。

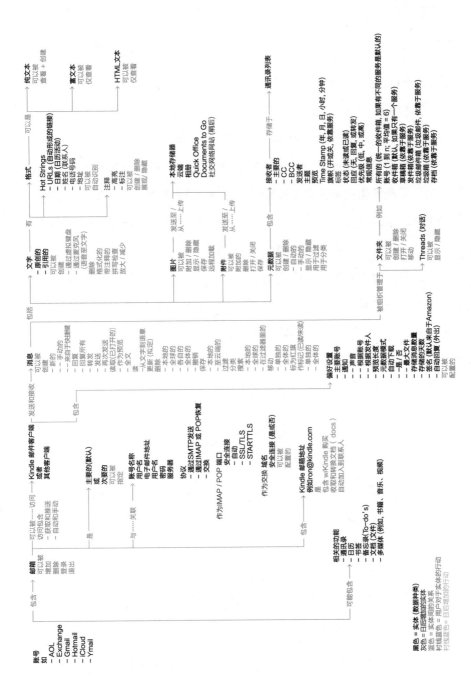

图5-49　安卓手机上的电子邮件客户端概念模型图

这些就是前文中所说的迷宫的墙体结构，也是概念模型最核心的部分。它反映的是这款产品"是什么"。在计算机科学领域也有类似的概念，软件工程师在构建软件产品的时候需要考虑数据与数据之间的关联关系，构建软件的数据库结构。但是，这里所讲的概念模型与之不同之处在于：**概念模型是表达设计师对于产品的理解，是对用户心智模型的映射；而计算机科学领域里所讲的数据库结构是一种实现模型，它与概念模型有一定的关系，但是更加接近于计算机的语言，并且受限于技术。**这恰好反映了设计师与工程师思考问题角度的不同之处。

虽然说概念模型的表现形式需要遵循一定的规则，但是，有时候为了更好地传达概念及其关联关系，我们可以加入一些视觉语言。

图 5-50 所示为一款社交类应用的概念模型，这款应用里面有一个最基本的概念是群组里面包含所有成员，而成员里面有些是管理员。为了让这个概念更加直白地表达出来，可以用图 5-51 所示的形式。

图 5-50　加入了"圆形"视觉语言的概念模型

在图 5-51 所示的概念模型中，"圆形"代表的是一个个的概念，如成员、管理员、信息等。概念与概念之间的关系也是用线来表现。图 5-51

中的每一条线所连接的也是主语、谓语、宾语的形式。其中黑色的实心圆点代表线所连接的主语，线上的文字是谓语，而箭头所连接的是宾语。例如，"所有成员""可以邀请""群组外的人"，读图的人可以将每一条线用语言读出来。这样，可以让读图变得更加容易，也降低了产生歧义的概率。

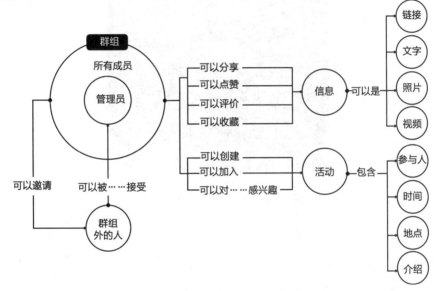

图 5-51　一款社交类应用的概念模型

在公司或团队内部，大家应该有一种共同的、大家都认可的概念模型的表达方式，比如什么颜色代表概念，什么颜色代表关联关系。每一个设计语言的符号都应有它特定的意义。但是，概念模型的表现方式也应该有一定的自由度，它应能充分地传达出概念和关联关系的意义。

概念模型也可以通过团队讨论的形式来构建，我们在定义完用户的目标与任务之后，针对每一条任务来设计其相对应的概念。罗列完概念之后可以对概念进行分组，临近的概念放在一起，连接较少的概念距离拉开，然后就可以用线将概念与概念之间的关系描绘出来。图 5 - 52 中每一个便利贴都代表一个概念，而白板上的线及其上面的文字是概念与概念之间的关联关系。

图 5 - 52　用便利贴设计概念模型

可能有人会有这样的顾虑：画界面已经够费劲的了，怎么还要花这么多时间来画这种图？

就像第一章里面谈到的，有些时候，速度是很重要的。如果时间实在是不允许，建议大家可以用手绘的形式把产品的概念模型画出来。如果是由多人设计的产品，可以通过讨论的形式在白板上把概念模型绘制出来。有总比没有强。这样，大家会对产品有一个统一的、整体的认识。但是最理想的方式还是绘制成电子版，这样可以长期保存，并且更加清晰。

有些人还有这样的想法：我对 AI（Adobe Illustrator）的使用不是很熟练，画这种图对我来说太难了。

现在很多软件都可以绘制类似的图，如一些脑图的绘制软件。当然，这些软件可能并不能完全绘制出你想要的效果。希望在这套理论被更多人接受和研究之后，能够有一款专门的软件来方便大家更高效地绘制概念模型。

　　当我们设计好产品的概念模型之后，就可以开始设计产品的表现形式。对于软件产品来说，这种表现形式就是界面。图5-53所示的界面是笔者在做用户测试的时候拍摄的。

　　我们构建完概念模型之后如何知道它是否与用户的心智模型相匹配？我们不可能直接拿着我们画好的概念模型图给用户看，然后问："看看这是否是你的心智模型？"这肯定是行不通的。**设计师与用户的交流方式主要通过产品**，因此，检测概念模型的方式最终还是要回归到产品上来。最好的方式是有完整的产品进行测试，所有的功能均是可以使用的。但是，因为资源的限制，完全可用的产品有时会比较难以实现。这个时候，我们可以借助可交互的产品原型。这种原型是可以点击的、可以交互的，因此在一定程度上可以模拟真实的产品。图5-53所示为由概念模型设计而来的产品界面。

图5-53　由概念模型设计而来的产品界面

概念模型应该在界面设计之前完成。因为作为设计师的我们首先应该对产品的整体有了概念之后，再来设计产品的具体的表现形式。当然，产品的界面设计也不是一蹴而就的，也需要经过信息架构、线框图、视觉设计这么几个阶段才能最终完成产品的界面设计，这些会在接下来的章节中进行详细讲解。

这里用图表的形式将构建概念模型的方法（见图5-54）进行总结。

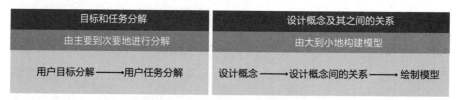

图5-54　概念模型的构建方法

构建概念模型要从用户的目标着眼，了解用户的目标及用户的需求。然后，要去分析用户为了完成这些目标需要完成哪些任务。任务与目标的分解也是有主次之分的，按由主要到次要的顺序进行分解。在设计概念及其之间的关系的时候，应先考虑大的、整体的模型架构，然后再考虑更加微观的系统的细节，同时，也应由重要的目标和任务着眼来进行设计。

概念模型是需要设计和创造的，而心智模型是需要通过用户调研才能得到的。在心智模型调研方法的部分，我们谈到过在调研之前，我们需要有一定的预定和假设。这种假设实际上就是概念模型。因此，在进行用户调研之前，我们应该有一个初步的概念模型。心智模型的调研过程就是对我们的假设的验证和修正的过程，继而再对概念模型进行修正。因而，设计概念模型与调研用户的心智模型是一种循环反复、迭代的过程（见图5-55）。

图 5-55　设计概念模型与调研心智模型之间的循环与反复

概念模型的设计目标

什么样的概念模型才是理想的概念模型？我们在设计概念模型的时候需要追寻什么？

越聚焦于用户目标越好

前面我们谈到过构建概念模型的出发点是用户的目标，对于用户目标的理解就是对于用户需求的理解。我们在构建概念模型的时候，就应该时时刻刻围绕着用户的目标。

我们日常生活中充斥着非常多的不以用户目标为核心的软件。以大家比较熟知的设计类软件为例——PS（全称是 Adobe Photoshop，一款制图、修图的软件）有着非常强大的功能，但是对于普通的需求来说，就显得非常冗杂和难用。可能"我"只是想让照片上的人看起来美一点，就要经过非常复杂的修图过程，但是在美图秀秀（一款专门用于修照片的软件）里面就可以"一键美颜"，用户只需要要点击一个按键就可以，而在 PS 里面可能要经过好几个步骤。同时，PS 还可以用来画软件的界面，但是用起来也是非常复杂。AE（全称是 After Effects，一款可以做视频后期和软件动效的软件）可以用来做软件的动效，但是使用起来同样也是非常复杂。AE 里面也有着非常多的复杂的"概念"需要用户去学习。很简单的页面跳转的动效用 AE 做会非常得复杂。现在市面上渐渐有了许多专门做动效的软件，这些软件相较而言就好用很多。复杂的软件往往都没有围绕用户的目标，而是给出了一大堆的功能让用户自己去想怎么使用。这就仿佛是把人直接扔到了一个巨大而复杂的迷宫里面，让用户自己去"摸索"。

面对这种复杂难用的应用的时候，人们就需要在脑海中自己去构建一个计划。就如同：我想要完成 X，但是这个工具只让我做 A、B、C，我要如何通过 A、B、C 来完成 X 呢？

所以，我们在一开始就应该围绕用户的目标来设计产品。

越简洁越好

这里所说的简洁包括两个方面：一是目标和任务的简洁；二是概念和连接关系的简洁。

我们在分解目标和任务的时候，应尽可能用更少的步骤完成更大的目标。当然了，这个原则比较适用于工具类的应用。如果是游戏类的应用就是另外一回事了，人们在游戏中更多的是享受游戏的过程。而对于工具类的应用，用户更享受的是这个工具达到目标的结果。所以对于目标和任务的分解应该尽可能地简洁。

越复杂的应用里面，概念就越多。概念多了之后，这款应用自然就会变得难以使用，因为，每一个新的概念，用户都需要去学习。比如，当我们从来没有接触过制图类的应用时，对于"图层""滤镜"这些名称是完全没有概念的，我们需要去学习：到底什么是图层、到底什么是滤镜。然后再来考虑这些概念到底是用来做什么的。所以，这些都是软件学习的负担。

有时候，我们可能为了让这款软件或者这款软件的某些功能看起来更加炫酷，会去创造一些名称。比如在前文中提到的微信的"时刻视频"，这对于用户来说就是一个比较难以理解的新的概念。随后，微信团队将这个功能更名为"视频动态"，这个名称相对就容易理解了。

所以说，这种概念上的简洁不仅仅是数量上要少，更是当你在为一些功能"取名字"的时候是否容易被理解。

同时，我们需要注意的是：简洁并不是简单！ 寻找到一个足够简洁但是又不是过于简单的、可以提供所需功能的概念模型需要充分的思考、测试、再思考。

概念模型的作用

读到这里，你大概对概念模型是什么有所了解了。我们为何要运用概念模型？概念模型的运用有什么作用？

减少沟通成本

在前面的章节中，我们提到，模型是一种边界对象，它可以帮助不同角色的人来理解某件事物，或者说某种事物。同样的，概念模型也是一种边界对象，它可以统一用户、调研人员、开发工程师、设计师、管理者这些不同角色对于产品的理解。我们非常清楚，软件产品一般都会很复杂，如果用界面来表达一款软件产品，可能需要好几百页的文档才能把这款软件给讲清楚。团队中其他的成员在阅读这份文档的时候，也需要花费大量的时间才能把它解读清楚。所以，**如果能用一幅图就把软件讲清楚，团队内的沟通成本就可以大大减少。**

专注于用户

概念模型实际上就是对用户心智模型的预设，说白了，就是"强迫"设计师去按照用户的思考方式来设计产品。设计师每设计一个任务、一个概念、一条连接的时候都应该反复地拷问自己：用户是不是也是这样想的？如果不是，那么就需要改一改自己的设计了。

肖恩·埃利斯曾经阐述过一个重要概念——摩擦。他所阐述的摩擦是指用户在完成某项目标的过程中所受到的阻碍，例如，用户为了使用某项功能，却需要经过非常烦琐的注册界面，还有那些让人非常困惑的词语，或者找了很久都找不到的按键。这些都是用户在使用过程中所经历的摩擦。这种摩擦会直接地影响用户是否会继续使用这款产品。很有可能用户第一次使用产品时就被烦琐的注册界面"吓跑"了，然后就永远都不会使用这款产品。但是，还有一种可能，虽然摩擦大，但是人的欲望更大，不论有多少阻挠也会坚持不懈地完成。这让我想到了买房，虽然房价高企不下，买房的资格也不是那么好拿到的，但是还是会有非常多的人削尖了脑袋地要去买房。这是为什么呢？因为人的欲望大到一定的地步，不论有多少的摩擦都会有很高的转化率。

这就是肖恩所提出来的摩擦公式：

$$欲望 - 摩擦 = 转化$$

其实这里所说的欲望也代表了用户的需求，对于用户需求的理解也是对人的欲望的理解。这种理解就需要借助用户调研的帮忙，当我们抓住了用户的欲望和需求之后就可以搭建产品的概念模型了。**聚焦于用户的需求，减少用户的摩擦，这就是概念模型要去做的事情。**

在设计流程中的运用

概念模型在整个产品设计和开发的流程中到底有着怎样的位置？我们在产品研发的过程中如何去运用概念模型？

这些问题的答案都在图5-56中。

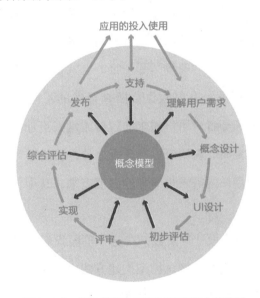

图5-56　概念模型在产品开发流程中的位置

图5-56中，概念模型处于核心的位置，每一个流程的阶段与概念模型都有一个箭头连接。有的箭头是单向的，有的箭头是双向的，这是因为，有的阶段概念模型是指导性的作用，而有的阶段需要对概念模型进行

修改和更正。

　　这个流程图要从"理解用户需求"阶段开始，用户需求一般要通过用户调研得到。同样的，构建概念模型的前提条件也是需要对用户的需求有充分的理解，然后再把需求转化为用户的目标和实现目标所需经历的步骤。在这个阶段，我们会发现与概念模型的关系是双向的：理解用户需求会影响概念模型，概念模型也会指导对用户需求的理解。在这里，我们就可以开始做概念模型的目标和任务分解的工作，同时可以借助用户调研来帮助我们进行验证。这也是我们前面所谈到的，在做用户调研之前我们需要有一定的假设和预判，然后通过调研来验证和修正。在这个阶段我们可以通过定性的、定量的，或者两者结合的用户调研方式。需要注意的是，在这个阶段更为重要的是"理解"两个字，也就是对调研结果的分析和总结的过程。这个"理解"有时候也会因领导者的不同而不同，不得不承认，有些天才型的领导者对用户需求的理解比常人更加深刻。这个阶段，我们除了需要进行调研、对调研进行分析之外，我们还可以借助一些设计的手段帮助我们把用户的需求更清晰地展现出来，其中包括用户画像、用户体验地图等。

　　接下来，是"概念设计"阶段，在这个阶段我们需要对概念模型有清晰的构建，也就是要完成在概念模型构建方法中的两个步骤——目标和任务分解，以及设计概念及其之间的关系。在完成概念模型之后，就可以开始构建产品的信息架构图，这个直接关系到产品的最终表现形式。同时，也可以开始设计主要的界面。可以说，这个阶段是构建概念模型的最核心的阶段。经过"概念设计"阶段之后，团队中的成员们应该对产品的整体的框架有了一定的认知。

　　"UI 设计"阶段就是顾名思义的界面设计阶段。在这里我们需要充分考虑界面的表现形式——从视觉语言到动效都要有充分的考量。在这个阶段，我们需要输出的是完整的交互设计文档、视觉设计文档、动效设计说明等。同时，还应产出初步的产品原型，这个原型最好是可交互的。在图 5-56 中我们也会发现，这个阶段与概念模型之间的关系也是双向的，也就是说，概念模型对 UI 设计有着指导作用，UI 设计也影响着概念模型。我们每画完一个 use case 都应该问自己：我们是否充分地展现出了概念模型里的内容？是否增加了新的概念？或者是否有某些概念没有传达出来？如果我们发现概念模型的确是需要修改的，在这个阶段，我们可以对它进行修改。我们每设计完一个界面上的元素都应该反复地问自己：这个形式是否不偏不倚地传达了概念？这个图形是否会让人产生歧义？

　　"初步评估"是指对于产品原型的评估，在完成了产品原型之后，我们不仅要在团队内部进行评估，更应该把原型拿到用户面前，并且应该尽可能在用户真实的使用场景中进行评估。评估方法包括用户测试和实地考察。图 5-56 中，"初步评估"与概念模型是单向的关系，这是因为评估的结果会再一次地影响到概念模型。

　　"评审"阶段就是在开发之前对产品进行较为全面的评审。这个时候的评审一般会让所有的相关人都参与进来。"评审"与概念模型之间同样是单向的关联关系，因为通过评审，有可能会对概念模型进行修改。

　　随后是"实现"阶段，顾名思义，这是实实在在地将产品"做"出来的阶段。就如同建造房屋，前面都是在画建筑的设计图、修改设计图纸，而到了"实现"阶段就是实实在在地要用钢筋混凝土将房子建起来的时候了。在这个阶段，概念模型对"实现"阶段是单向的指导作用。

实现了产品之后，还需要对产品进行"综合评估"，这是对产品全面的、系统的评估。不单单是在产品的易用性上的评估，更是在产品可靠性和稳定性上的评估。在"综合评估"阶段，也可以对产品进行小范围的测试。这些评估和测试结果会再次影响到概念模型。

"发布"就是将实现后和修改好的产品发布出去，继而让用户使用产品。

"支持"阶段是指产品在使用的过程中，支持和解决用户所出现的问题。让用户使用到产品之后，公司不能做"甩手掌柜"，对产品放任不管。用户很有可能对如何使用产品存在问题，这时，公司应积极地给出回复。而这些疑问与问题往往能反映出产品本身的问题，这也为下一次的产品迭代做好了准备。所以说在这个阶段，概念模型有可能会因用户的反馈而进行进一步的修改，同时，这种修改也会反馈到产品本身。

软件产品往往都要经过反复的修改和迭代才能达到一个比较理想的状态，并且这种"理想"永远都不理想。所以设计迭代很难避免。这也是为什么这个设计流程是圆形的。

有的时候这种流程是线性的——一个阶段结束后，再进入下一个阶段。但是更多的时候，这些阶段是同时进行的。

希望你看到这里时不要感到惶恐，你可能会想：现在公司的设计流程已经够让我头大了，怎么又冒出来一个设计流程。少安勿躁，如果你仔细地思考这张流程图，你会发现和现在公司里面的很多流程是相吻合的，只是名字不一样而已。这张流程图着重表达的只是各个阶段与概念模型之间的关系。

曾经有一段时间，我非常着迷于设计流程，觉得应该会有一个放之四海而皆准的流程。那段时间，我咨询了所有我知道的国内各大互联网公司（包括阿里巴巴、网易、腾讯）的同学，得到的答案是他们公司的设计流程都是不一样的。最让我吃惊的是阿里巴巴的那位同学所在的团队，她说："我们团队根本没有既定的流程，team leader（团队领导人）觉得什么时候是重要的节点了，就会拉着大家一起开会。"其实，设计流程是**因人而异、因产品而异的**。

话又说回来，这些设计理论就如同工具，我们所掌握的设计理论就如同我们自己的工具箱。**面对不同的设计问题，我们应该灵活地选用不同的工具。** 当我们需要砍大树的时候，选用螺丝刀就不太合适了。而要拧螺丝的时候，选用锯子也不太合适。有些人，习惯于使用同一种工具来解决不同类型的问题，就如同有些人也会很熟练地用螺丝刀来开啤酒一样。外人看起来会感到怪怪的，甚至嗤之以鼻，但是结果却会超出预期。

5.4　实现模型

什么是实现模型

在本章的开头，我们谈到过实现模型是属于"开发者"这个角色的模型。开发者包括软件工程师、编程人员。如果我们把软件产品比作一个建筑物，那么概念模型就是处理这个建筑物的大的外观与结构，以及建筑物内部房间、楼梯、走廊之间的关系，是使用者平时会接触到的、他们能够理解的结构。实现模型就是有关于房体内部的结构，那些使用者平常接触不到的一些结构，只有那些建筑设计师和建筑工人了解的结构，比如，墙体中电线的布置、房屋地基的结构等。在软件类产品中，实现模型包括底层的数据结构、软件的实现技术手段等。

概念模型与实现模型的关系

虽然说实现模型一般都会比概念模型更复杂，但是它们之间也是有关联的。杰夫·约翰逊和奥斯丁·亨德森就认为当概念模型定下来之后，设计工作与软件开发工作就可以同时进行。因为，概念模型里面的"概念"就类似于面向对象的编程语言里面的"对象"，而概念与概念之间的关系就类似于不同数据之间的关联关系。

但是，关于这个部分，我目前无法给出更多的答案。我希望日后会有更多的人投入到这方面的研究当中。也许，未来有一天，设计师并不需要画界面，只需要搭建好产品的概念模型，计算机就可以自动完成产品界面和产品的实现。

产品的微观系统：
信息架构

如果你理解了基本的信息结构，那么对于一款应
用是如何"工作"的你已经理解了一大半了。

——休·杜伯里

前面我们谈到了设计师系统思维的第二个层次——概念模型。在本章中，我们会谈到概念模型的一个"亲戚"——信息架构（见图 6-1）。

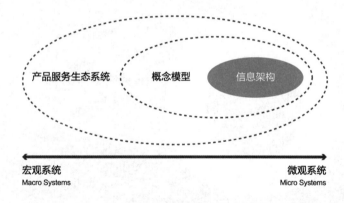

图 6-1　信息架构

如果你听说过信息架构，你在思考概念模型的时候可能会有这样的疑惑：概念模型与信息架构到底有什么不同？它们之间有怎样的关联关系？在本章中，我们会详细地解释这些问题。

6.1 什么是信息

我们在思考任何问题的时候，都应该力求思考问题的本质。因此，在这里，我希望你和我一起去思考：到底什么是信息？

我们每天在手机上看到的资讯、听到的音乐就是信息，它们通过手机这个载体以及我们的视觉和听觉传达到我们的脑海当中。信息本身是无形的，但是承载和传达信息的媒介是有形的。

很久以前，人们对信息的存储和管理需要花费非常非常多的时间和金钱。当音乐只能存储在黑胶唱片里面的时候，音乐只是少数人才能享受到的特权。而现在，人们可以通过各种不同的渠道来收听音乐，甚至打破了音乐需要某个实体载体的概念，你不需要购买某样"东西"来收听某个特定的歌曲，你只需要收听歌曲的权益就可以。图书也是如此，当还没有印刷技术的时候，图书作为一种信息，需要承载于厚重的石碑上或者竹简上。但是现在，我们可以通过手机在任何时间和地点阅读来自世界各地的图书。

随着技术的发展，人们不仅能够快速、大量地获取信息，同时能够更容易地发布和传播信息。我们可以用手机轻而易举地拍摄照片，然后发布照片让亲朋好友看见，我们也可以随时随地地发布自己的想法到网络上。我们每天都在制造大量的信息。

有时候，大量的信息所造成的"信息过载"甚至会让我们感到惶恐和不安——一方面被那些看似有趣，实则毫无价值的、廉价的信息所吸引，另外一方面又为这样的信息所消耗的自己的时间和精力而懊恼。面对每天扑面而来的各种信息，我们应该有更加积极而坚定的人生观和价值观来帮助我们对信息进行取舍——什么应该去看，什么不应该去看，什么应该去传播，什么不应该去传播。

而作为设计师的我们，在这个信息传播的过程中扮演着非常重要的角色。我们所设计的产品可能是信息的传播工具，然而，我们所设计的产品本身也是一种信息，这种信息可能是通过文字传达给使用者，也可能是通过图形、声音传达，甚至是可以通过触觉、嗅觉传达。

6.2　信息结构

当信息展现在人们面前的时候，它并不是虚无缥缈、毫无规律的状态，它都有着它的结构。世界上任何一种信息都可以归纳为这样的几种结构：线性结构、矩阵结构、树状结构和网状结构。

如果你理解了基本的信息结构，那么对于一款应用是如何"工作"的你已经理解了一大半了。

——休·杜伯里

休·杜伯里与杰西·詹姆斯·加勒特都认为设计师需要了解这些信息结构，了解这些结构有助于我们更好地设计信息类产品。因此，接下来也会简单介绍有关信息结构的一些知识。

节点

节点是信息结构里面最基本的组成部分，节点可以是任意的信息片段或者组合，它就像信息存储的容器，这个容器里面存储的内容可大可小，小到可以是一个数字，大到可以是一座城市或者一个国家（见图6-2）。对于软件产品来说，这个节点可以是一个页面，也可以是页面里的某一个元素。这个概念有些类似于在前文中谈到的系统的要素，一个系统需要有要素、连接、目标，而这个节点就是系统里面的要素。

图6-2　信息结构的节点

在系统的三个构成部分、产品服务生态系统、心智模型、概念模型这些章节里都提到过类似的概念。在心智模型和概念模型里面，我们把这样的要素概念，因为，心智模型和概念模型是人脑海当中的系统。我们会发现，虽然在不同的系统当中，系统要素的名称有所不同，但是它所指代的意思是类似的。

当我们要搭建一个信息架构的时候，我们需要材料，系统并不是凭空创造出来的。就如同小孩子要用积木搭建房屋一样，他们需要先了解这一块块的积木有什么样的特性，有多少积木。所以，在搭建信息架构之前，我们应该对这个节点里到底是什么内容有清晰的认识，对这个节点里涵盖的内容有清晰的定义。

实际上，很多人在画信息架构图的时候就会出现对节点定义不清的问题。

两点一线

只有节点是构建不起来一个架构的，它需要有节点与节点之间的连接关系。在这里，我们用两点一线的形式表达节点与节点之间的连接关系（见图6-3）。

图6-3　两点一线与系统的连接

一般在信息架构图中，这种连接关系是层级的关系，也就是包含与从属的关系。虽然在信息架构图中一般没有特别的说明，但是依据人们的阅读习惯，这种从属关系是从上到下、从左到右的，也就是说，在一个信息架构图中，父级在上侧或在左侧，而子级在下侧或在右侧。

但是在概念模型图和产品服务生态系统地图里面，要素与要素之间的连接关系就不局限于从属关系了，它们之间会有更为复杂的关系，因此在画这两种图的时候最好用文字标注出连接关系。

接下来，将介绍前文提到的四种信息结构：线性结构、矩阵结构、树状结构和网状结构。

线性结构

线性结构是信息架构里面最简单，也是最常见的一种结构（见图6-4）。

图6-4　线性结构

当多个节点被连接起来的时候就形成了线性结构，线性结构是指只有一个维度的信息存储方式。线性结构具有方向性，有一些线性结构首尾相连、自我循环。

例如，时间就是一种线性结构，从 12 点到 1 点、到 2 点等等周而复始、循环反复，时间点就是线性结构里面的节点，因此时间是线性结构。我们坐在公交车上，看经过的一个个公交站台，把公交站台看作节点，那么一个个公交站台组成的信息流就是线性结构。书本里面的文字也是线性结构，我们看文字的时候一般是有方向性的，向一个方向看，把每一个文字看作节点，那么书本、文章也属于线性结构。我们平时上班，中午到食堂打饭，端着餐盘经过一个个不同的菜品，如果我们把这些菜品看作是节点，那么食堂打饭所接触到的信息流也是线性结构。以此类推，太阳运行的轨迹、音频、视频等都可以是线性结构。

我们一般所接触的网站或者手机应用是由多个线性结构组成的。注意，我在列举线性结构的例子的时候强调了把什么内容作为节点，这个节点的设定非常重要，同一样事物，不同的节点，它可能属于不同的信息结构。

矩阵结构

多个节点可以组成一个矩阵的形式，形成一个矩阵的结构（见图 6-5）。这是一种可以有 n 个维度的网格式的信息存储方式。

如果以像素为信息节点，那么一张图片就是一个大型的矩阵结构图片，里面包含了成千上万的像素，每个像素包含了颜色的信息。一张 Excel 表格也是矩阵结构，横向与纵向的信息是相对应的。

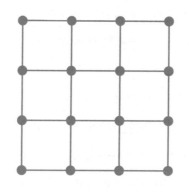

图6-5 矩阵结构

我们在设计软件的时候也会用到矩阵结构。矩阵结构允许用户在节点与节点之间沿着两个或更多维度移动。由于每一个用户的需求都可以和矩阵中的一个"轴"联系在一起，因此矩阵结构通常能帮助那些"带着不同需求而来"的用户，使他们能在相同内容中寻找各自想要的东西。例如，如果你的某些用户确实很想通过颜色来浏览产品，而其他用户偏偏希望能通过产品的尺寸来浏览，那么矩阵结构就可以同时容纳这两种不同的用户。因此我们也可以这样理解矩阵结构：矩阵结构可以从不同的维度来排列同一类的信息。

然而，矩阵结构目前还是一种比较有争议的信息结构。它与网状结构的区别是什么？这个信息结构是否有必要？这些都是比较有争议的话题。也有些人把信息结构分为三类：树状结构、线性结构和网状结构。其中并没有矩阵结构。如果你对这个话题感兴趣，也可以对它进行进一步的思考与实践。

树状结构

树状结构是软件产品里面最常见的一种结构，也是设计师最常用的一

种结构（见图6-6）。树状结构有强烈的层级性与归属性。节点与节点之
间存在父子关系。因为在人的思维方式里面会天然地对信息进行归类，树
状结构就是对信息进行归类和组合的一种信息结构。

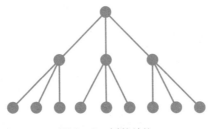

图6-6　树状结构

例如，公司的组织架构图就是典型的树状结构：顶级的是总经理，总
经理下面包含了管理中心、营销中心、销售支持中心、总经理助理这些子
级，而子级下面又有下一层的子级，这种有着强烈的归属和包含关系的信
息结构就属于树状结构。

一般来说，网站和 App 是以树状结构为基础的，但是，对于软件产品
来说，几乎不存在纯粹的树状结构。

网状结构

网状结构⊖是指没有明确从属关系和分类关系，节点与节点间呈不规
则的连接方式的信息结构（见图6-7）。 我们所熟知的"互联网""社交

⊖　在《用户体验要素》这本书里面 Jesse James Garrett 把这种结构称为自然结构。
　　然而，Hugh Dubberly 认为，信息结构不能说是自然的还是非自然的，我也比较认
　　同这个观点，"网状结构"比"自然结构"更加贴切。

网"就是属于网状结构。网状结构的特点是非线性、非集权化、互联性、互相依赖性和多样性。

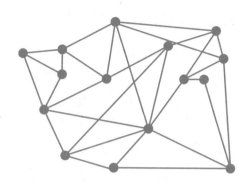

图6-7 网状结构

例如,以每一个人的信息作为信息节点,社交网络就是典型的网状结构,神经元、星系和生物链都属于网状的信息结构。

树状结构与网状结构有着怎样的区别呢?如果我们把树状结构下面的任意两个节点连接起来,它就成为网状结构(见图6-8)。

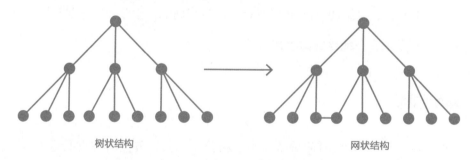

树状结构　　　　　　　　　网状结构

图6-8 由树状结构变为网状结构

所以说,如果任意两个子分支里的节点有了连接关系,那么这个结构就不是纯粹的树状结构了。这就如同在很多博客类的网站里面,博客文章内部也有许多的链接,人们点开这个链接会到另外的页面,这样就产生了子节点与另外的分支的子节点之间的链接关系。因此，网站和 App 很少有纯粹的树状结构，基本都是以树状结构为基础的网状结构。

6.3　信息结构与信息架构

你可能会问：为什么会有信息结构和信息架构这两个概念？它们之间到底有什么区别？

通过阅读前面的内容，你可能已经发现信息结构与平常我们要去画的信息架构是不同的。

每一款产品都有自己的信息架构，这种信息架构是独一无二的，就如同世界上没有相同的雪花和树叶一样。信息架构是产品所独有的。而信息结构相当于是把不同的信息架构进行了归类，就如同虽然每一片树叶都是独一无二的，但是树叶也有不同的种类，每个种类都有自己的特征。每一个信息架构也有自己的特征，如果我们把这些特征提炼出来，它们就成了信息结构。不论是信息结构还是信息架构都是系统，但是它们是不同层面上的系统。**信息结构高于信息架构，是信息架构的模型。**

看到这里，你可能有这样的疑问：我本来知道信息架构是什么，怎么越看越糊涂了呢？说实话，我在接触到这些知识的时候，也有这种想法。在接触这些知识之前，我已经知道怎么去画信息架构图了，并且还可以顺利地设计一款完整的软件产品。但是，现在我回过头去想，当时的"会"是真的会吗？是不是一种稀里糊涂的会呢？目前，很多在职的设计师都是"自学成才"的，这里所谓的"自学"绝大多数情况都是局限于在网上找资料学习，然后自己实践了一下，觉得"嗯，好像是那么一回事儿"。然后就标榜自己"会"了。但是，这样的知识往往是支离破碎的、不成体系的。**知识也是一种系统，它需要我们反复去寻找知识点之间的连接，反复去思考与琢磨，最后让它越来越牢靠。**

还有一个值得思考的方向是：**不同的信息结构适合不同的产品，也会给人们带来不同的感受。**比如说线性结构就非常容易让人理解，以线性结构为基础的信息往往让人一目了然，不需要过多的思考，所以现在很多网站都采用线性结构——这些网站往往没有 Tab 页签，用户只用上下拉动网页就可以看完网站上所有的内容。矩阵结构往往会让人感到很有条理，适用于纬度比较清晰的情况。树状结构与网状结构会较为复杂，相较而言树状结构易于理解，人们也比较容易形成树状结构的心智模型。网状结构最难让人完全理解，你可能会有这样的体会：当你点进了某个链接之后，发现下次想进入同样的页面却找不到了。这是因为网状结构的信息架构可以不遵循既定的规律，更加灵活和多变。

我们需要去思考和了解每个信息结构的特性，并且为产品选择合适的信息结构。这就是为什么我们要去理解和学习这些基础的知识，只有基础扎实了，才能厚积薄发。

6.4　概念模型与信息架构

概念模型与信息架构非常相似，它们是血脉相连的亲戚。但是，概念模型与信息架构又有其不一样的地方。

　　你可能会有这样的疑惑：我们已经有了信息架构，为什么还需要概念模型呢？其实，我曾经也有这样的疑惑。我个人认为方法应是越少越精越好，但是，当我仔细去思考概念模型与信息架构之间的区别之后发现这两种方法有着本质的不同。

　　虽然信息架构也是需要用户调研与测试的，但是，它的侧重点在于如何让用户找到所需要的信息，并对复杂的信息内容进行组织。而概念模型需要针对用户各个不同的目标进行设计，不仅仅是"寻找"这一个目标。

　　当我在设计产品的时候，我知道如何去分析用户的需求，也知道如何设计产品的界面。但是从需求到落地的产品之间始终觉得有一个非常大的鸿沟。我会不断地质疑自己：难道这样设计就真的能满足用户的需求吗？我觉得，**概念模型是能够连接用户需求与产品的一个桥梁。**

　　概念模型需表达出用户的目标与步骤，而信息架构图一般不需要。概念模型的入手点是用户的目标，对概念的构建也是围绕用户的目标和任务。而信息架构是对信息展现形式的描述，一般不会涉及"怎么做"的部分。

　　概念模型是对产品的更加宏观的描述，就如同前文谈到的，我们在构建概念模型的时候需要考虑这款产品在用户的脑海当中整体会形成什么样的架构。而信息架构更多的是产品所展示的信息的组织结构、信息之间的从属关系是什么。

　　总之，**在设计流程上，概念模型应先于信息架构**，设计师应该先考虑清楚产品的概念模型，再去思考产品的信息架构。如果将用户的心智模型、概念模型、信息架构、实现模型在数轴上进行排序，那么概念模型更加趋向于用户的心智模型，而信息架构更加趋向于产品的实现模型（见图6-9）。

心智模型　　　　概念模型　　　　信息架构　　　　实现模型

图6-9　概念模型先于信息架构

我们在思考和学习各种新的方式方法的时候，应该与我们脑海当中已知的方式方法进行反复对比，寻找它们之间的异同以及它们之间的关联关系，这样才能构建起属于我们自己方法的网络，这种网络也是一种系统。

6.5　设计产品的信息架构

每一款产品都有自己的信息架构，它是产品的骨架，而页面是产品的展现形式，是产品的皮肉。我们在设计产品的皮肉之前，应先设计产品的骨架。

大多数的软件产品都是以树状结构为基础的，如微信的信息架构图（见图6-10）。

我们可以看到这是以树状结构为基础的信息架构图。同时，在消息和通信录的模块是以线性结构来展示信息的，所以说微信的信息架构并不是纯粹的树状结构。

那么我们应该如何去设计产品的信息架构呢？

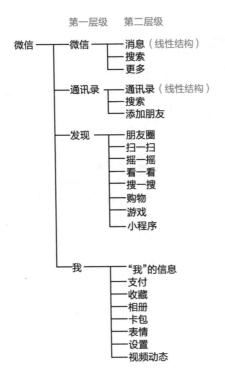

图6-10　微信的信息架构图（局部）

经过了概念模型的设计阶段之后，我们已经对用户目标、步骤以及所需掌握的概念有了较清晰的定义。那这些概念应该如何展现在产品上面，这些信息又应该以怎样的逻辑在界面上展现出来呢？这就是信息架构需要做的事情了。

在前文中，我们举了一款社交类应用的例子（见图6-11）。

那么根据这样的概念模型，我们要如何设计信息架构呢？

在如图6-11所示的概念模型中，设计师希望用户有强烈的群组的概念，因此我们在设计产品信息架构的时候也需传达这样的概念。

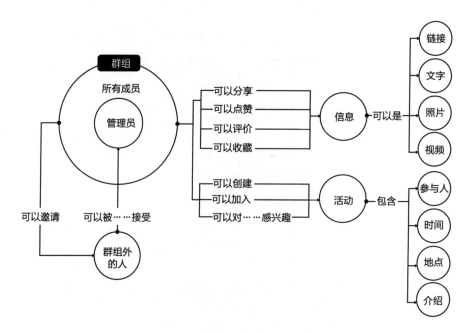

图 6-11　一款社交类应用的概念模型

　　我们在画信息架构图的时候也要注意文字摆放的顺序，在这张信息架构图中越往左的信息是越高层级的信息，越往上的信息是越重要的信息。因此，我们可以将"群组"放于首要的位置，这样当我们在设计产品界面的时候就会知道哪些信息比较重要并且需要加强。

　　同时，当我们构建信息架构图的时候可能会对之前概念模型中出现的文字进行修改与增删。

　　图 6-12 所示为基于概念模型的信息架构图示例（局部）。

　　可能有人会有这样的疑惑：信息架构图里面用到的文字是要一五一十地在界面上展示出来吗？

　　我认为，信息架构图中所使用的文字应该与产品中所使用的文字保持一致。当然，有些文字可能会采用图形化的形式展示出来。

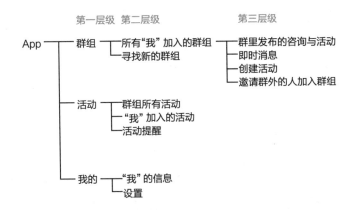

图 6-12　基于概念模型的信息架构图示例（局部）

构建信息架构的时候最常使用的方法是卡片分类法（见图 6-13），顾名思义，就是把信息架构里的条目写在一张张的纸条或者卡片上，然后进行分类。

图 6-13　卡片分类法

这种方式可以让团队成员一同参与到信息架构的构建中，同时，还可以让用户参与进来，一起去构建产品的信息架构。这也是探寻用户心智模型的一种方式。

卡片分类法分为两种形式：一种是封闭式的，一种是开放式的。封闭式的卡片分类法是在卡片上写好既定的文字，然后再让用户进行分类。而开放式的方法是指让用户自己填写卡片上的文字，因为有时候我们所设计的标签上的文字不一定能传达出它的意思。

有时候我们在构建信息架构的时候会发现某些卡片会很难归类，比如在前面的例子当中有一个"创建活动"的标签，有些人可能会把它放到"活动"这个标签下面，因为都是针对活动的。但是，我将它放在了"群组"的分类下面，因为我觉得当用户在使用"创建活动"这个功能的时候，脑海当中的心智模型应该是：啊，我要针对这个群组来创建活动。因为这是一款以群组为核心的 App。

所以，我们在为每一个标签进行命名和分类的时候，都要回归到用户的心智模型，要切合用户的使用场景来进行归类。

能把家里收拾得干净利落的设计师，信息架构的设计能力肯定不会差。 因为，信息架构的创建和整理与收拾家里的物品有着同样的思考方式。

有一天，我带着我两岁的儿子收拾玩具，我告诉他所有的车类玩具要放到一个箱子里面，而所有的乐高这种积木类玩具要放到另外一个箱子里面。说到信息架构，"车类玩具"就是我给其中一个箱子所取的名字，也是我给这组分类所设计的标签，分类的标签和归类原则设计好之后，就要进行归类了，这个过程就和设计信息架构的过程十分类似。一开始，我们收拾得很顺利，但是，突然，问题出现了，有一个乐高的小汽车既属于乐高玩具也属于车类玩具，怎么办？这个玩具既有"车"的属性，也有"积木"的属性，这个时候要如何分类呢？我儿子条件反射地就将这个玩具扔到了"车类玩具"的箱子里面，我停下来，跟他说："我觉得这个玩具可能跟其他的乐高玩具放在一起会更好哦，因为你每次玩这个小车车的时候都喜欢用乐高在上面拼东西。放在一起的话，找起来会方便一些。"

所以说，**我们在面对模棱两可、举棋不定的信息的时候，还是要回归到用户的使用方式和思考方式中去。**

6.6　不同设计方法之间的关系

前面我们介绍了许许多多的设计方法，这些方法之间有它们的共性，但是更多的是区别，每种方法都有最适合的使用场合。那么这些方法之间到底具有什么样的关联和区别呢？

为了让大家能够迅速地在脑海中形成对于这些设计方法的心智模型，我借助图 6-14 来大致地阐述它们之间的关系。

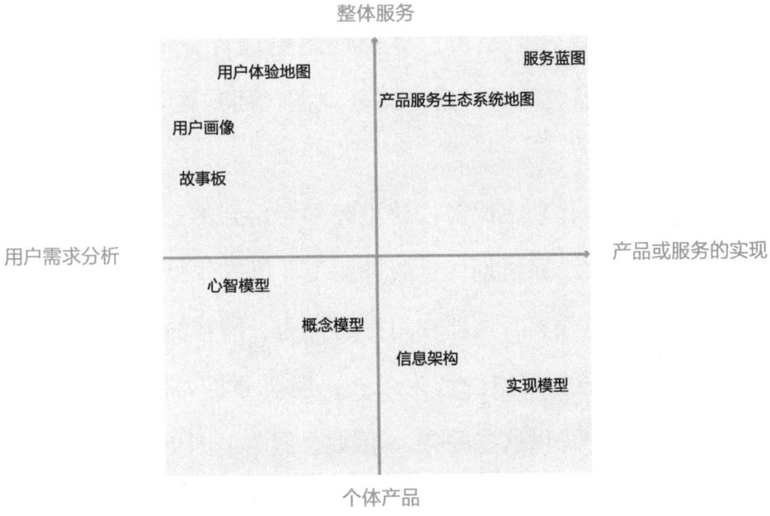

图 6-14　设计方法之间的关系

我们可以用两个纬度来为这些方法和理论归类。首先，我们看纵向的两个端点——整体服务和个体产品。我们发现，前文中提到的设计方法也是从系统的由大到小的方式进行阐述的：产品服务生态系统就是最大的系统范围，而信息架构就偏向于个体的产品（当然，这里的个体产品更多是指软件类产品）。然后，我们再来看横向的两个端点——用户需求分析和产品或服务的实现。这是划分设计方法的另外一个纬度，有些类似于做产品的流程——需要从用户的需求分析开始，然后逐步到产品或者服务的落地和实现。这样，我们就可以知道什么时候、什么场景需要用到什么样的方法了。

我们从最左侧的用户画像和故事板开始看，用户画像是一种用户需求分析的非常好的方法，故事板也是如此，但是，故事板除了可以展示用户的困难和苦恼之外，还可以用来传达"我们"所设计的产品是如何满足了用户的需求。相比于用户画像而言，用户体验地图同样是很好的用户需求分析的工具，但是用户体验地图更适合分析整体而复杂的服务，而非单个的产品。同时，用户体验地图比用户画像更加接近于产品或服务的实现。

我们再来横向地比较在服务设计里经常会用到的三个方法——用户体验地图、产品服务生态系统地图、服务蓝图。用户体验地图是以一类用户的行为轨迹为主要的线索，主要在用户的行为、情感的层面进行分析，而服务蓝图除了需要分析用户的行为以外，还要分析如何能够完成这些服务，如何能够为用户提供这些服务。因此，服务蓝图更加接近于产品或服务的实现。而系统地图是另外的一种思考问题的方式，它并不是以用户行为为线索的线性的思考方式，它所强调的是用户与产品、产品与产品之间的连接方式，因此，从需求分析与实现的角度思考，它是处于用户体验地图与服务蓝图之间的一种设计方法。

最后，我们来分析比较偏向于单个产品的设计方法——心智模型、概念模型、信息架构和实现模型。它们之间的关系我们在前文中已经有了一定的介绍，这里将着重讲在纵向纬度（整体服务至个体产品）上的关系。首先是心智模型，人（或者说是用户）对产品的理解往往是比较笼统的、不详细的，用户一般只会关注与他（她）的需求和目标强相关的一些东西。就像我们居住的房屋，一般我们会比较关心住所的地理位置与环境等，但是很少会有人会去探究这栋房子的地基到底是怎么打的。所以说，心智模型相比其他的模型更加趋向于整体服务。而实现模型就是最接近于产品或服务的实现的设计方法。

通过这样的思考，你应该对这些方法更加熟悉了。

我们学习任何一种方法或者理论之后，都应该有类似的思考：这个方法与其他的我所知道的方法之间到底有什么样的关联和区别？这种方法更加适用于哪种情况？

我们应该把我们所学习到的理论和方法分门别类地整理好，就如同我们精心地整理自己的工具箱一样。当突然面临一个设计难题的时候，我们可以灵活运用合适的工具来解决难题。

07

产品的重要表现形式：
视觉系统

完美不是加无可加，而是减无可减。

7.1 什么是视觉系统

首先可以将这个概念分开来看。

"视觉"是一个很宽泛的词汇，所见即所得，从本身的定义上来讲是偏生理的，不过在现代社会中却有着无尽的含义，更有想象的空间，总是会和自己相关的概念进行组合，如视觉传达、平面视觉、视觉动效、3D 视觉、视觉体验，以及计算机领域的视觉识别等，只要是人眼所看见的，或是某人工智能识别的，都会定义为视觉范畴。

对于"系统"，在前面的章节中对概念、模型、信息架构等已经进行了详细的阐述，从源头上讲述了"系统"的方方面面，表面看起来和我们日常的工作比较远，但实际上我们无时无刻都生活在"系统"里。当某一个环节出现问题时，都可能涉及我们，如果能剖析到其中的逻辑，拿到底层去分析，很快就能找到问题所在。反过来，如果我们在设计产品之初，已经做好了底层设计，即便在应用中出现了问题，也能很快反馈出来，甚至是早已预知的问题。

在视觉设计中，我们所接触的画面大部分都是以二维形式呈现的，图片、图标都是平面的，但不论是网页设计还是移动端的产品设计，设计师需要考虑的逻辑总是多维的。作为观众或用户来讲，如果有问题，可能只需要用三个字来评价你的作品："不好看"或者"不好用"。而"不好看"像是对设计师的能力提出了严重质疑，年轻的设计师或许会立即进行反驳，或不屑一顾。但这很可能只是观众的直观感受，也许是他们没有看到自己需要的功能，也许是画面不够清晰，也许是对内容物不满（如商品、banner 图），甚至可能是对品牌调性的判定过低，不管怎样都不会高看一眼。

无论是做哪种类型的视觉设计，我们都需要在二维空间内考虑复杂的层级表现（见图7-1），产品的功能轻重、用户的使用习惯、品牌展示场景、美术要求，以及特殊硬件带来的新表现……所有的考虑因素错综复杂，哪一条出了问题，都会带来不良的后果。互联网产品都是快速迭代的，需要不断去设计和优化。

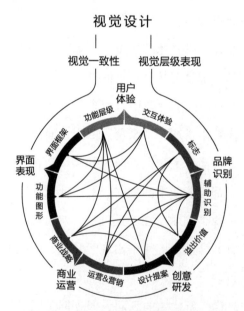

图7-1　视觉设计的关键层级和关联性

自从乔布斯"重新定义"了智能手机之后，各大手机厂商之间、应用开发商之间、游戏公司之间，进行了白热化的竞争，对 UI 设计师、UE 设

计师的需求也随之暴增。苹果公司依靠设计思维赢得了巨大的市值，而在
众多的工业产品和软件产品中，苹果独特的视觉表现力，也在所有用户心
中刻下了深深的烙印。

所以"视觉系统"，看起来只是一个表现层，实际上每一个环节都互
相影响。在一些较小的互联网企业，没有太多的资金去招揽较好的设计
师，它们往往以产品为先，认为设计师做的只是"表现层"，也经常有人
讲"没有哪个产品是界面丑死的"。这种想法从商业战略上讲还可以，但
将设计师定义为"美工"或是"纯表现层"，这就会产生问题。产品是打
包存在的，如果表现有问题，那么同样也是产品有问题。所以设计师们不
要将自己定义为一个美术执行者。

小结一下，视觉是表现形式的一部分，形式是概念的延伸，是目标映
射下的产品指南针。我们不妨先做一些试验，跳出狭义上"产品"的范
畴，看看什么事物感觉是有系统的，有关联的，能让你不由自主、潜意识
里去进行分类的。

实体产品由内而外的视觉识别

如果一时间想不起来，我们可以从你身边最近的事物开始，比如苹果
电脑、苹果手机等系列电子产品，先不考虑界面的问题，你是否已经有一
个明确的印象？即使是不加任何 LOGO，你是否也能大胆推测这就是苹果
公司的产品？

现在把你联想到的概念也好、要素也罢，都写出来，你应该可以得到
很多分散的词汇，如图 7-2 所示。

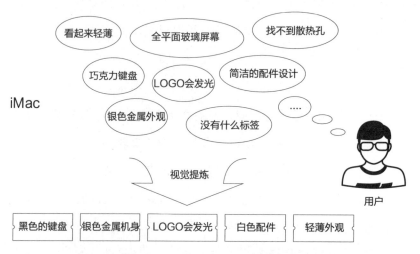

能满足单个标签的产品非常多，而iMac是对每个标签都进行了深入设计，并对所有要素进行了整合设计

图7-2 对工业产品的描述拆解

　　然后再把视觉相关词汇提取出来，当你把词汇拆分得足够细的时候，会发现其实并没有什么了不起的地方，也很难和苹果公司的产品联系起来，黑色的键盘到处都是。但结合到一起的时候，却很容易知道这是什么产品。

　　正是设计的表现细节，让我们在潜意识里已经打下了基础。苹果是一家把产品设计做到极致的公司，每一个点滴的表现力，都和其他产品不太一样，非常小而又非常美妙（见图7-3）。当你把所有的功能和细节都组装起来的时候，外观依然看起来非常简单，似乎它什么都没做。

　　完美不是加无可加，而是减无可减。

IBM 的笔记本电脑

苹果的笔记本电脑

图 7-3　苹果早期的产品和同类电脑的外观比较

这种极致的设计细节让用户记忆非常深刻，而且组合起来的时候，几乎不会认错（随着时间和技术的发展，这种独特性也在不断减弱，但是优秀的设计基因促使人们第一时间的假象对象依然会是苹果）。这时候，你已经产生了关于苹果产品的心智模型。

以后出现类似的组合，你的第一反应就是"好像苹果产品"，如果设计细节做得比较差，就是"山寨苹果"。

品牌设计中的 VI 系统

每个产品或是企业，都有自己的 VI（Visual Identity，视觉识别）系统，用于传达企业特质以及视觉识别。相信很多设计师都知道"VI手册"，这其实是将视觉系统化体现的最典型案例。很多设计师最开始接触的时候，不是很理解。我们做完 LOGO 不就可以了吗？所有的素材上面，加上 LOGO 不就可以识别了吗？手册到底有什么用？加上如此多的设计规范和使用规范，仅仅就是为了凸显专业性吗？

在这里我们不做非常详细的解答，但是通过以下几点可以大致解释这些问题。

1. VI 手册的使用主要是给设计师做参考，给品牌宣导人员做规范对照。

2. LOGO 只是 VI 系统里的核心元素，作为重要的识别元素之一。除了 LOGO，还包括辅助图形、色彩规范等一系列内容。如果说 VI 系统是一套高端定制西装，那么 LOGO 相当于这套西装中的一条领带。

3. 设计规范的最大意义是为了设计成果能够识别到品牌，并正确识别品牌。

4. 通过识别规范，能够在用户大脑中留下准确的印象，不会出现误识品牌、混淆产品的情况。

图 7-4 所示为 adidas 以及其著名的山寨品牌。

图 7-4　adidas 以及其著名的山寨品牌

图 7-5 所示为某企业品牌标志的错误使用示例。

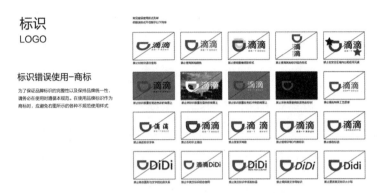

图 7-5　某企业品牌标志的错误使用示例

由此可见，有了 VI 手册，可以加强品牌的视觉识别力，以及准确性，并不是用来装装样子而已。

一般来讲，标志的使用是非常严格的，不允许出现翻转、拆解、重组等操作，不过也有一些例外。比如我们经常看见一些国际性品牌，它们不仅给自己的 LOGO 随便上色，也不在乎位置和大小，甚至将其进行拆分，看起来是一种严重违反 VI 手册的做法，比山寨品牌更为夸张。可是，几乎没有人会认错，也不会有人怀疑真假问题，甚至不会思考这个问题。

图 7-6 所示为 adidas 与某设计师的联名系列产品。

图 7-6　adidas 与某设计师的联名系列产品

其实这个问题很简单，每个事物的成长，都分不同的阶段。我们假设一个人成长和认知属于正向认知，环境对他的认知属于反向认知。例如，某人小 A 成长到 20 岁，结识了某些新朋友，见过几次面。对于这几个新朋友来讲，如果再过几年，或者小 A 换了发型，换了穿着风格，可能就无法确认小 A 的身份了。又过了几年，小 A 为了让自己更美一些，还去做了整容。到了春节的时候，小 A 打扮得很时髦回家了，他的那些发小看见他的时候，只是惊奇小 A 变美了，并没有人认错他，或是认不出他。对于小 A 的新朋友来讲，他就好比是一个新品牌，如果换了一套衣服都可能导致识别不了。 对于小 A 的发小来讲，就是一个从小接触的品牌，怎么变都能识别。其次，品牌本身也像一个有生命的事物，是这个企业赋予它以性格，也就可以沿着这条路线发展下去。如果是银行等偏严肃的企业属性，断不会有这种设计方式的。

所以，如果某个品牌在初始阶段都没有一定的使用规则，也就意味着反向认知能力下降了，今天是红色，明天是绿色，下周又变成了其他视觉形态，像是某大牌的广告即视感。而实际上，观众甚至不知道是谁，也不会记得是谁。

思考一下，为什么很多领导或者老板，总是要求设计师把 LOGO放大？

界面中的视觉系统

界面设计和平面设计有所不同的是，前者更注重功能上的体验，任务目标复杂而多变，某种程度上讲，比后者所能展开的艺术性要弱，需要遵守一定的设计规则。

这大概可以分为两部分：视觉统一性和视觉层级性。

视觉统一性可以看作是产品品牌的延续，从颜色、字体、间距、ICON、交互动效、重要操作等细节中体现一定的品牌识别力。

视觉层级性是指人眼在观察某件事物的时候，总会在某些地方聚焦，从需求出发，将更需要的信息传达到上层，形成视觉上的层级。不过互联网产品中的层级和重要性可能是不断变化的，使用人群、使用场景、使用时间都各有不同，这就对设计师提出了挑战。

7.2　模式匹配

前文中我们谈到用户的心智模型里有四个层级：目标、任务、概念、形式。在本章中，刚才也提到了一些生活中常见的例子，如果仔细思考，也能从中找到相对应的层级。

现在主要来讲述一下心智模型里的概念与形式层级（见图7-7）。

模式匹配其实是潜意识里对事物的一种判断。它有时是一种迅速的、本能的反应。有时候，可能你还没有反应过来，在你的潜意识里面已经完成了这种概念与形式的匹配过程。设计的用户目标不同，场景不同，任务也不同。这就需要用合适的形式来匹配大脑中的概念（见图7-8）。

颜色是最顶层的视觉信息组成部分，颜色不同，给人的感觉也千变万化，对于不同的用户群体也有不同的意义。

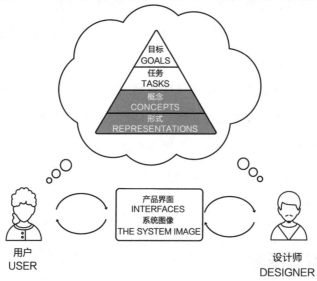

图7-7 心智模型中的概念与形式层级

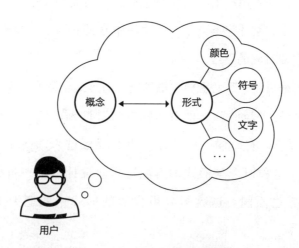

图7-8 形式的主要表现维度

一般来讲，色彩纯度越低，越容易形成成熟、稳重的感觉，但如果整体色调缺乏变化，则又容易形成沉闷、保守的印象。而高饱和度的颜色根据使用场景不同，表达的气氛也不尽相同。例如，红色对于东方人来说代表的是新年、喜庆，而对于某些西方社会的人来说代表的是杀戮和流血牺牲。颜色在不同的用户群体中也有着不同的从概念到形式的匹配关系。

符号是相对准确的一种印象标记，如果在视觉中不断重复出现和使用，比文字会更加快捷有效。相比现实照片的信息，更容易统一风格，也更有利于功能的表现。

文字归根结底是符号的变体，受到地域文化的限制，更为复杂难懂，但表达意义却更为精准，当文字和符号合理搭配时，可以将信息最大化地呈现。

概念是一种抽象的、在人脑海中的东西，它本是摸不着、看不着的，但是概念可以依附于某种展现形式，这种展现形式可以是文字，也可以是图形，也可以是实体产品的外观。

依然先从生活中抽取一个简单的例子，请观察图 7-9 所示的这张卡片，并说出对其设计的看法。

图 7-9　某餐馆储值卡

我们对不同职业的同学做了一些简单的访谈。

A：嗯，还行吧，看起来就是吃饭用的。

B：谈不上设计得如何，淘宝美工水平。

C：没什么特别的设计。

D：一看就是食堂饭卡，能用就行了。

E：金色底纹特别浮夸。

……

从以上答案我们可以得出几个重要元素：一张饭卡、设计表现一般、能满足需求。

表面上看，设计表现是弱项，似乎是可以加强的部分，该食堂好像并没有在这张卡片上花费太多设计成本。其中一个设计师同学还说道："其实这张卡片设计得非常好，我一眼就能知道这个食堂的人均消费价格，就是普通工作餐水平。如果你把它重新设计得非常大牌，我可能都不会进去看一眼。"

看似不合理的设计效果，却有着很强的存在理由。人们在大脑中对不同层次的消费地点已经有了很多的视觉匹配，只有当整体设计水平上升的时候，才会逐步改变对某个事物群体的认知模型，进而转变匹配对象。

现实中我们还会看见很多类似的案例，在一个商场中，哪怕你不认识任何品牌，从店家的招牌、装修、服务员的面容气质，都可以极快地对其进行消费高低判断。延伸到互联网产品设计，界面的设计风格会和现实店面装修

有一定模式上的匹配，于是会对该产品的档次进行初步判断。其中最为典型
的就是各大电商的旗舰店、官方商城等。

那么在具体的细节中，又有什么关联性呢？

我们再看一个 Windows 系统上的案例（见图 7-10）。

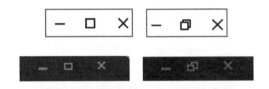

图7-10　Windows 系统中的窗口功能按钮

Windows 系统里的不同应用的窗口设计就保持着这样的一致和统一：
一个框代表的是"最大化"，而两个框代表的是"取消最大化"。不同的
应用都有着这样的设计。因为随着用户使用的增多，"一个框"这种展现
形式就对应了"最大化"的概念。如果有一款应用标新立异地想用"箭
头"图标来表示"最大化"的概念就会让用户一时半会儿不知道如何使
用了。

我们在设计产品界面的时候，就需要平衡用户脑海当中这些既有的，
从概念到形式的模式与创新之间的关系。

如果再结合一下前文提到的通信系统，看看在生活中是不是可以再找
到一些启发。

通信系统有一个重要模块是"噪音源"。这个干扰对设计来讲既可以
是正向的，也可以是负向的。 正向带来的是品牌力的提升，负向带来的是
品质或品位的下降。前文已经讲过"纪念碑谷"游戏的例子，人生来好

奇，对神秘的事物充满探索欲，对打破常规的事物印象深刻。以下是两个其他类型的例子。

案例1：

电视广告：一个猎豹凶神恶煞地追逐一个全身只穿着内衣披块白纱就跑到森林里的美女，美女一边跑还一边大叫：为什么追我？结果那猎豹张嘴来了一句——我要××急支糖浆（见图7-11）。

图7-11　某药品的广告片段

此广告在电视时代播出，曾引起无数网友的吐槽，甚至引发二次加工传播，变成一个梗。因为实在没有办法把一种止咳药物和这个故事联系起来。在当时条件有限（电视广告为主）的情况下，这是一个歪打正着的广告案例（知名度极大），但绝不能说是一个好的设计。

案例2：

电商平台：某些电商平台以高性价比、高品质为核心，并设计了高品质宣传语、专业商品摄影，想传达和普通电商不太一样的信号，开辟电商平台新的细分领域（见图7-12）。

图7-12　某电商平台的商品介绍界面

　　可以看出，两个案例中是毫不相关的产品，在认识它们的时候心理上却有相同之处，简单点说：和我想象的不太一样。保持这个疑问，继续收取信号或是深入了解。这个问题产生的根源就是用户心中的心智模型和设计的概念不匹配，对信息进行质疑。根据第三章中通信系统的模型，重新套用一下。案例1和案例2的通信系统模型如图7-13和图7-14所示。

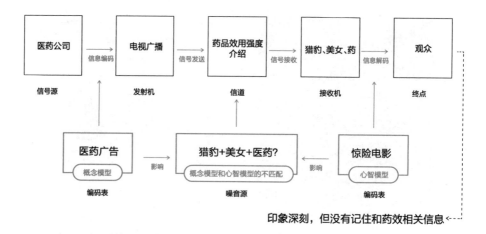

图 7-13 案例 1 的通信系统模型

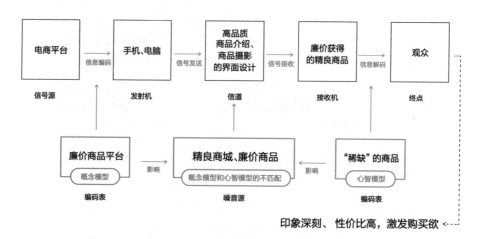

图 7-14 案例 2 的通信系统模型

在通信系统中，噪音本不是一个好的影响因素。但通过这个模型我们做出一些特殊的设计，相比平直的信息传达，更能加深观众对产品的正确印象，传达独特的品牌特质。

7.3 比喻在设计中的运用

什么是设计比喻？

设计比喻实质上是利用用户的心智模型的模式匹配。

例如，某商品想要体现蔬菜汁的无添加以及新鲜感，直接将成品设计到土地中（见图7-15a）。某品牌汽车的钥匙，将山脉处理到钥匙的纹路上，暗喻汽车的越野性能优越（见图7-15b）。

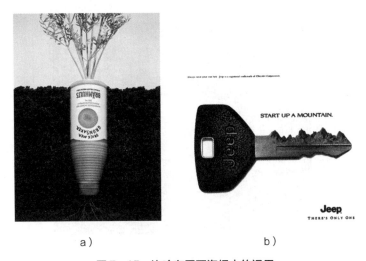

a) b)

图7-15 比喻在平面海报中的运用

再来看一些界面设计中的案例。

在智能手机刚推出的一段时间，手机上的工具图标还是非常立体的，以拟物化为主，很多都设计得非常漂亮，接近于真实的实物视觉感受。即使是大家不看文字，也能基本理解图标的含义，学习成本很低，例如，系统中的垃圾桶，能很清晰传达这就是废弃文件的去处，将文件拽入垃圾桶也有一样的功能效果，甚至系统还有配合音效。乔布斯在早期的人机界面中也指出，当应用中的可视化对象和操作按照现实世界中的对象与操作进行模仿时，用户就能快速领会如何使用它。

不过随着时间的推移，这种厚重的拟物化风格却被渐渐放弃了，视觉表现上越来越平。比喻的使用越来越轻薄和慎重，因为当比喻过多、过于厚重的时候，会减弱功能上的显示层级，造成一定的视觉负担。如图7-16所示，对现实物品的模拟和比喻非常精细，非常有质感，有情怀。但如果作为经常使用的功能按钮，这并不是很好的选择。

图7-16 精细的拟物化图标设计

同样的道理，在动效设计方面，过多过细的比喻操作也会让人觉得厌烦，例如，将手机上的文本翻页做成现实中翻书的样子，把拍照的界面模拟成真实照相机的样子（见图7-17）。

图 7-17　iOS 6.0 和 iOS 8.0 系统中的 ICON 对比

我们可以将视觉反馈分为 4 种概念，真实世界（肉眼直接观察到的客观世界）、写实细节（写实作品）、抽象艺术（如各类抽象画、平面作品）、图形提炼（如 ICON、标志），分别放置于不同的象限（见图 7-18）。其中图形提炼同时具备了高识别力，以及恰当的比喻效果。

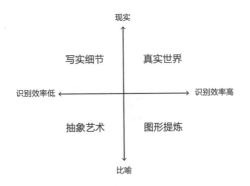

图 7-18　比喻和识别效率的象限

7.4　视觉系统的表现规律

凯文·米莱和达雷尔·萨诺在《设计视觉界面》（*Designing Visual Interfaces*）中提到：设计关注的是发现最适于传达某些具体信息的呈现形式。

如果你的设计作品是有系统性的，不论是平面设计还是界面设计、动效设计，都会有一定的目标，因而有一定的表现规律。

在界面设计"诞生"之前，其实已有类似的设计岗位，如现代杂志和出版物的版面设计师，一份报纸的出版、一套画册的出版，都需要一种合理的设计规范，让所有的文字、图片、功能区统一风格，能清晰表达所传递的内容，且美观大方。这就是俗称的"网格系统"（见图 7 - 19、图 7 - 20）。此系统能让众多设计师在短时间内完成形式统一、逻辑清晰的设计，即使是个人使用，也会非常方便，大量文本和图形进行有规律的排列组合，使产出的作品显得专业、可靠。

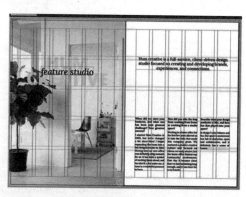

图 7 - 19　某出版物所设计的网格系统

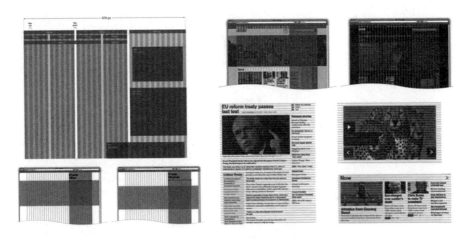

图 7 - 20　BBC 页面的网格系统

有的网格系统看起来非常复杂，实际上是非常容易操作的版式规范，现在已经有很多软件帮我们完成类似的底层工作。如果我们细化这些网格，会发现和日常用的网格笔记本、绘图本非常相似。

如图 7 - 21 所示的网格笔记本，就是类似网格系统的印刷品。

我们把每个小格看作是一个单元，那么就可以根据单元数量来确定所有的标题字号、行间距、版心大小，只要这个单位足够丈量，可以规范到设计中每个细节。网格的用法还有很多，感兴趣的朋友可以通过图 7 - 21 所示的网格笔记本的用法来联想、发散。

如果这个单位非常小，小到显示硬件的级别，那就是像素值了，也就是放大后的马赛克。

所以我们在电子界面设计中，不用谈及复杂的"某产品界面设计规范"，其实已经接触了表现原则的概念，比如字号的显示大小（px），在 Photoshop 中，我们只能以此为单位进行设计，并不能摆脱这个单位（比如同一个文档中既出现像素单位，同时还有毫米等真实单位）。

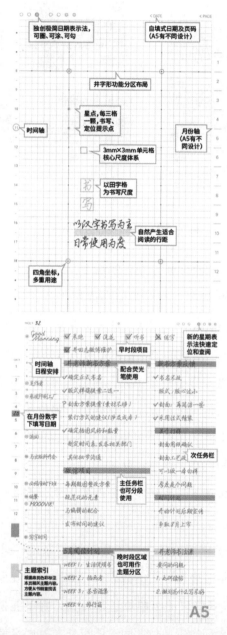

图 7-21 某商业品牌设计的网格笔记本及基本用法介绍

　　小结一下，在团队设计中，我们设定了自己的表现规则，也就是一种团队转为个体的输出表现，也同时和其他设计对手划清了界限。由这个原则所衍生的规范，就像是随同团队一起成长的孩子，逐渐完整、优化，由此产生的作品，让用户潜意识里能进行快速识别，有的朋友也会简单称之为"设计风格"。

　　以上只是最底层的表现规律，由此衍生的有更为简洁的"设计规范""视觉规范""交互规范""控件库""设计组件"等。在平面设计领域，同样有"VI手册"，以及更偏主观的"主视觉""系列海报"等。只要是设计作品而非艺术作品，总是需要传达一定的商业价值，有自己的规律所在。

　　阿里巴巴集团为了让电商的banner设计成本更低、效率更高，利用人工智能"鹿班"，可以在一分钟之内生成上百个设计版本，正是因为它能不断学习和识别人们常用的视觉表现和搭配规律，解放了初级劳动力，设计师才有更多的时间去完成更有创造性的工作。

PART THREE

精神实质

08

系统性
设计管理

系统思维其实就是一种观念和意识，做设计决策时要从系统的角度来观察思考，运用系统思维的方法将各项事物有序地组织起来。运用系统思维可以让我们做起事情来，更有效率，更事半功倍。

当我们为一件待解决的问题做决策时，可能会引发一系列的问题，于是会手足无措，遇到这种情况主要原因是没有用系统性思维去考虑问题，管理学大师彼得·圣吉在《第五项修炼》一书中提出了创造学习型组织的五项技术，其中第五项修炼就叫作系统思考，对每位企业家、管理者、创业人员都是非常重要的。设计管理是一个系统，一个体系，各种设计管理事物都存在着相互的连接，需要从各方面考虑去解决问题，每一个问题都有可能导致其他问题的产生。

我们在做设计管理时，可能会面临非常复杂的问题和各项指标需要我们去处理，例如，设计成本、设计质量、设计创新点、计划完成率、项目满意度和过稿率等各项指标；为了提高产品设计质量，需要对设计师的各项能力进行提升；为了提高设计部门的软实力，我们还需要重视人才的招聘、人才的培养、人才的保留等。这些都存在相互关联关系，如果按照系统思维的角度来看，这个系统包含了很多的要素，这些要素之间相互影响，可以说每个指标的变化都会影响到其他指标的变化。

在设计管理中有效地运用系统思维可以保证其他的思维不走向歧途和片面。系统思维其实就是一种观念和意识，做设计决策时要从系统的角度来观察思考，运用系统思维的方法将各项事物有序地组织起来。运用系统思维，可以让我们做起事情来，更有效率，更事半功倍。因此，管理工作中系统性思维的运用与否，会影响到每个管理环节的工作效率，从而决定最终管理工作的局面。

　　管理工作的有效性和创造性是系统思维在设计管理工作中的主要体现，可以说这种思维方式是实现部门目标和打开新局面的重要保障，也是创新的内在动力，对快速应变机制的运行将产生积极的影响，以避免管理工作中出现不必要的被动和失误。我们应该学会用战略的眼光、发展的思路、创造性的思维来解决各种复杂的管理事务，完成公司的年度目标，以成为组织发展中的重要力量。

8.1 系统性设计思维的培养

我们发现一些 UI 设计师总是加班赶进度，出现作品反复推翻重来的情况，不仅造成了项目的延期，甚至还背了黑锅。下面举个设计工作中常出现的案例。

产品经理：我这边有个关于产品介绍页面的设计需求，帮忙设计一下。

视觉设计师：好的，具体的尺寸要求和内容说一下。

产品经理：尺寸宽度为 1200px，长度根据内容适配，内容就是产品宣传页上面的文字。

视觉设计师：好的，那我做两套方案，设计完初稿后，把效果图发你审一下！

……

产品经理：看了你的两套设计方案，觉得少了一个会员登录入口，继续加个登录的按钮吧。

视觉设计师：你早不说，好吧，我加个按钮给你看下。

……

产品经理：测试那边说，按钮间距和其他页面不一样，间距有点小了，还请再帮忙调一下。

视觉设计师：其他的页面不是我做的，你那边有设计规范吗？

产品经理：我没看到有设计规范，前端那边应该有之前页面的相关切图标记，我要一下发你。

……

以上案例可以看出，产品经理和视觉设计师都缺乏系统性思维，没有了解清楚系统中的各种元素以及它们之间的关系，只是针对当前出现的问题做了处理，没有从整个系统做全面的问题分析，他们的这种处理方式，就是典型的线性思维，只是明确了因果关系，认为只要解决了原因就能解决问题，这种线性思维是缺乏变化的思维方式。线性思维就是一旦有了某一因素，就认为一定会有某一必然结果，不去考虑任何可能的变量。在开始一个产品设计之前，不能急于寻找解决办法而不去花更多的时间进行全面的分析，而应该具有全局视角，先与团队成员进行全面的沟通，针对各个职能所遇到的问题对产品进行系统的分析。专门针对一个症状去下手是不能解决真正的问题的。

上面的例子看似是个小问题，但却耗费了许多资源，相当于是一种内耗，把时间耗费在了低价值产出的事情上，效率低下、产能下降。如果用系统性思维来思考，那么每一个环节的问题，都会影响到其他环节以及整体的结果。整体出现的问题可能是一个或者多个因素的问题导致的结果，将所面对的事物或问题作为一个整体来加以思考分析，从而获得对事物整体的认识，这样才能找到解决问题的恰当办法。

设计师在做设计决策时应该养成系统性思考的习惯，首先要明确上面章节提到的系统的三个构成部分：要素、连接、目标。

要素：在设计方案中，最核心的要素是什么？

连接：各个要素之间是如何连接的？它们之间的关系是怎样的？它们进行

输入和输出的途径是什么？

目标：产品最终想要达到的目标是什么？

这些问题就是系统思考的基础，做产品设计之前需要清楚这三个构成部分，设计师系统性思维的养成，不仅能帮助我们做出更明智的决策，还能让我们更清晰有力地阐述设计方案，促进团队的高效协作。

8.2　用系统性思维解决设计管理问题

我们在生活和工作中会都面临各式各样的问题，有些时候很容易把别人的观点当作自己的观点，思考问题比较片面，把局部当成整体，对于不是很熟悉的领域，首先表现出来的是手足无措，无法把控全局，只是抓住了一小块，然后就试图去概括全局，这就会犯片面和没有重点的错误。因此需要通过系统性的思维方式去切入和思考，全面分析问题的根源，从而看清全局的走向和形式，从中找寻到最佳的解决方案。

下面是我们在面临问题时，如何进行有效的系统思考的流程，主要包括以下 6 个主要步骤。

步骤 1：确定问题及设定目标

首选我们需要清楚目前遇到的问题有哪些？明确解决问题的目标是什么？如果是由上级领导或项目需求方提出的问题，还需要正确理解对方的真实诉求和所关心的问题点。有些时候我们接收到的任务需求不一定能够准确获取到传达者内心的真实观点，或者由于受到传达者自身表达局限的影响，无法精确地传达所表达的意思，因此就需要在分析问题前去了解传达说话者的真实意图。

比如，我们经常会遇到设计师在做设计方案时，总是对设计稿进行反复修改并确认，最后导致相关需求部门投诉设计师延误了下游团队的时间。出现这种情况的主要原因是设计师没有明确和理解需求方对于这项工作的真正意图，也有可能给出的需求非常模糊，或者表达得不是很清楚。对于给出的需求比较模糊时，我们需要进一步去明确和确认，最好不要在没有弄明白什么问题的情况下进行工作，应该提炼出对方的意图并向对方确认之后再开始去解决问题。确认问题大概分为三步。

第一步，找出问题的关键点。例如，当接到一个设计需求时，可以向需求方询问：这个需求的目的是什么？为什么会产生这个需求？这样的问题可以帮助我们理解需求，了解需求背后问题产生的关键原因。

第二步，设定目标并确认。可以通过给出建议目标，来获得对方反馈。设定目标时，需要明确应该达到的水平或标准。

第三步，了解用来解决问题的资源。明确了目标后，就需要利用一些资源来解决问题。

步骤2：分析问题

这个步骤是流程中最重要的一步，必须投入时间和精力。如果处理的问题错综复杂，就需要将问题拆解成一个个简单清晰的小问题，然后找出解决问题的方法。我们一般用5W2H和鱼骨分析法来确定问题并寻找一切与之有关的信息，最终找到问题根源所在。

5W2H 分析法，又称七何分析法，第二次世界大战期间由美国陆军兵器修理部首创。它易于理解使用，富有启发意义，广泛用于企业管理和技术活动中，对于决策和执行性的活动非常有帮助，也有助于弥补考虑问题的疏漏。

5W2H 由 7 个英文单词或词组的首字母组成，分别是 What（要做什么事）、Why（因为什么原因）、Who（什么人）、When（什么时间）、Where（什么地点）、How to do（如何去做）、How much（成本多少），用 7 连问发散思维思考问题，并从中得到启发，最后得到答案。

5W2H 分析法如何使用呢？我们拿设计师日常工作来举例说明。

Why（因为什么原因）：拿到设计需求后，应该首先了解这个功能产生的原因，为什么要做这个功能，来确定做此功能的价值。

What（要做什么事）：明确这个功能的具体内容和含义以及还要做哪些功能点。

When（什么时间）：了解清楚各个团队的交付节点和上线时间

Where（什么地点）：产品的信息架构是什么？这些功能点的具体位置在哪里。

Who（什么人）：产品目标用户是谁？谁来用这个产品？涉及的相关人员有哪些？

How to do（如何去做）：整套设计方案应该如何实施？

How much（成本多少）：需要用到的资源和人力成本是多少？

鱼骨分析法，又名因果分析法，是一种发现问题"根本原因"的分析方法。

鱼骨分析法常用的鱼骨图是通过头脑风暴和思维发散的方法，找出一些特性的因素，按相互关联性整理而成的层次分明、条理清楚并标出重要因素的图形。如图8-1所示，针对一个问题（作为鱼头），列明产生问题的几个主要原因（鱼骨主干），从主要原因继续延伸，列出每个主要原因产生的小原因，如此一层一层挖掘分析下去，直到找出可以解决问题的方法或者步骤。通过鱼骨图分析，可以把各种因素、原因全部列举出来进行归类，并判断其合理性。

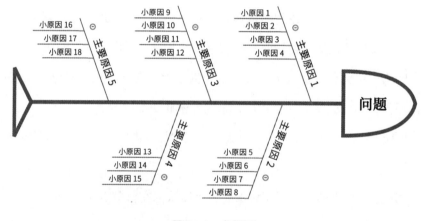

图8-1　鱼骨图

步骤3：找出解决方案

　　通过上一步骤对每个问题产生的原因进行梳理后，这一步就要针对每项原因提出潜在的解决方案了，找出解决方案并不是最重要的事，拆分和定位问题才是解决问题的关键，一定要明晰解决问题的核心关键目标。这一步应该把精力更多地放在重点问题的解决方案上，可以制定几套不同的方案以供选择，然后根据评价标准选择确定方案。

步骤 4：制定方案计划

制定计划方案时需要注意的是，需要确定具体的、可操作的、可跟踪检验的行动计划。这需要明确解决问题的具体步骤、所需要的资源、相关的负责人、每步完成的时间和预期的结果等。在制定计划时，我们可以借助 SMART 目标管理原则来制定，这是一个提高计划成功率的利器。

SMART 目标管理原则是由著名管理学大师彼得·德鲁克提出。这一原则来自《管理的实践》。目的在于帮助管理者对下属实施绩效考核和对目标进行管理。SMART 原则对应五个字母，分别是"S = Specific、M = Measurable、A = Attainable、R = Relevant、T = Time-bound"。

S = Specific（具体的），是指要用具体的语言清楚地说明要达成的行为标准。

M = Measurable（可衡量的），是指计划目标应该是明确的，而不是模糊的，应该有一组明确的数据作为衡量是否达成目标的依据。

A = Attainable（可达成性），是指目标是可被执行人所接受，通过努力是可以完成的。

R = Relevant（相关性），是指实现此目标与其他目标的关联情况。如果实现了这个目标，但对其他的目标完全不相关，那这个目标达到了也没有意义。

T = Time-bound（时限性），是指目标是有时间限制的，需要清楚完成的时间段。

步骤5：实施方案

将解决方法化解为便于管理、可监控的具体步骤。 然后根据每一步骤进行跟踪和检查进度，发现并解决实施中的具体问题，核查并确定目标是否完成。

步骤6：评估解决方案

根据计划检查实施情况，需要对问题的解决情况进行评估，将实施的结果与预期做比较，检查问题是否已经解决，是否带来其他新的问题。如果问题没有解决，需要重新进入新一轮的问题分析。如果问题解决了，将实施方案中的成功做法沉淀积累下来并把方法标准化，建立控制机制，保证持续使用新的标准化，对于失败的教训也要总结，引起重视。

实施改善的 PDCA 循环

上面6个步骤，可能不会实施一次就可以解决所有问题，一个循环完了，解决一些问题，未解决的问题进入下一个循环。这样就可以形成一个又一个的 PDCA 循环。

首先了解下什么是 PDCA 循环。 PDCA 循环是美国质量管理专家休哈特博士首先提出的，由戴明采纳、宣传，获得普及，所以又称戴明环。PDCA 循环将质量管理分为四个阶段，计划（Plan）、实施（Do）、检查（Check）和行动（Action）。在质量管理活动中，要求把各项工作按照做出计划、计划实施、检查实施效果划分，然后将成功的纳入标准，不成功的留待下一循环去解决。

无论哪一项工作都离不开 PDCA 循环，每一项设计管理工作都需要经过计划、实施计划、检查计划、对计划进行调整并不断改善这样四个阶段。上面提到的系统问题解决步骤和实施改善的 PDCA 循环模式是一致的。步骤 4 制订方案计划，就是计划（Plan）阶段；步骤 5 实施方案，就是实施（Do）阶段；步骤 6 评估解决方案，就是检查（Check）阶段和根据检查结果，采取相应的行动措施（Action）阶段。如果有遗留问题则转入下一个 PDCA 循环去解决，进入新一轮的问题分析。如此，周而复始，螺旋上升。

案例应用：小明是新任的 UED 部门经理，部门每天都有大量纷繁芜杂的事情。一些重要的项目要亲自参与，各种项目的沟通和设计也要决策和把控，还有大小的会议要参加、人员要面试、员工绩效要沟通等等。 由于是新接手部门，下属对他缺乏了解，有些下属甚至消极怠工，新招来的设计师能力欠缺无法胜任现有的工作，也需要自己亲自培养。于是每天都忙得焦头烂额，感觉疲惫不堪，压力很大。

步骤 1：确定问题及设定目标

这个案例中的问题也是新任管理人员常出现的问题，主要问题是小明及其部门下属的工作效率较低。目标是提高部门整体的工作效率。

步骤 2：分析问题

这一步需要对问题产生的主要原因进行拆解和分析。如图 8-2 所示，我们可以利用鱼骨分析法把问题进行分类，并分条理、分主次和重要程度逐一梳理出来问题产生的可能原因。

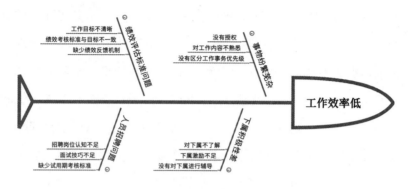

图8-2 鱼骨分析法

步骤3：找出解决方案

根据上一步梳理出来产生问题的可能原因，给出合理的解决方案（见表8-1）。

表8-1 找出解决方案

关键问题	根本原因	解决方案
事物纷繁芜杂	每件事都要亲力亲为才放心，不懂得授权	通过合理授权，减轻繁杂事务，提高工作效率
下属积极性差	一些下属对企业认同感不够，积极性没有被调动起来	加强下属对企业的认同感和归属感，提高下属的积极性
绩效评估标准问题	下属对工作目标及考核标准不是很清晰	通过与下属面谈，与下属的工作目标及考核标准达成一致，并与下属建立良好的信任关系
人员招聘问题	招聘人选质量把控不过关	提高面试质量，录用优秀的设计师并制定试用期转正评估标准

步骤 4：制订方案计划

将每一个解决方案制订成执行计划（见表 8-2），并将责任落实到个人，整体方案计划要符合 SMART 目标管理原则。

表 8-2　制订方案计划

改进项	改进目标	主要措施	实施标准	计划完成时间	负责人
任务授权	通过合理授权，减轻繁杂事务，提高工作效率	梳理需要授权的任务并进行质量把控及进度跟踪	输出授权任务清单表及跟踪计划表单	月底前	小明
下属辅导与激励	加强下属对企业的认同感和归属感，提高下属的积极性	1）每月与下属进行交谈，了解下属工作情况、困难、意愿等	输出面谈记录，根据实际情况和合理要求给予解决	每月最后一个工作日	小明及各组长
		2）对下属的工作进行认可，及时适当地表扬，对下属做正面的肯定和有指导性的建议	针对每一位下属记录工作表现，表现突出的下属及时用邮件和在部门例会中提出表扬	每周五下班前	小明及各组长
绩效评估与反馈	通过与下属面谈，与下属的工作目标及考核标准达成一致，并与下属建立良好的信任关系	掌握绩效反馈的方法和行为要点，与下属进行面谈	输出面谈记录，并针对每位下属在月度考核中的表现进行反馈	每个月最后一个工作日	小明及各组长

改进项	改进目标	主要措施	实施标准	计划完成时间	负责人
招聘面试	录用优秀的设计师并经试用期转正评估合格后录用	1）遵守公司和部门对招聘人员的相关要求，明确招聘岗位的职位需求	输出招聘职位的岗位说明书	月底前	HR 和小明
		2）列出面试需要提出的问题，应用面试技巧进行面试	面试前输出面试问题清单，面试后总结面试结果	面试前后	HR 和小明
		3）关注试用期阶段评估，如有问题制订改进计划	回顾招聘过程，输出员工试用期跟踪报告	试用期内	HR 和小明

步骤5：实施方案

根据制定的方案计划，小明梳理了需要授权的任务并进行质量把控及进度跟踪。每月与下属进行交谈，了解下属的状况，给予下属正面的肯定和有指导性的建议。通过与下属面谈绩效，明确下属的工作目标及考核标准。在优秀设计师的录用上制定招聘职位的岗位说明书。在面试环节中不断改进面试技巧。对试用期人员进行阶段评估，针对一些人员出现的问题制订改进计划。

步骤6：评估解决方案

经过一个季度时间的方案实施，对下属进行了充分的授权，从而减轻了繁重工作带来的压力，工作效率有了很大的提升，同时又能让下属获得锻炼的机会，提高下属的工作能力。 下属获得授权之后感觉到强烈的被信任感，积极性也被调动起来。通过每月与下属的沟通交流，根据实际情况和合理要求给予解决。与下属的工作目标及考核标准也达成一致，并与下属建立了良好的信任关系。通过对招聘面试和试用期的严格把控，新入职的设计师很快就能胜任工作，整个部门的工作效率得到了提升。

小明通过解决方案的成功实施，完善了设计师招聘流程、新员工培养计划、设计师绩效考核明细、设计人才上升等控制机制，并进行了部门标准化的应用。同时对于新出现影响效率的问题，进入下一个处理问题的循环，不断推进 PDCA 循环的发展和延续。

8.3　系统性思维管理工具

通常，我们遇到问题会用碎片化的解决方法，这些方法对于简单的事情很好处理，但是如果处理复杂的事情就不一定能够处理好了。正确的方式是我们应该具备解决问题的思考框架，能够采用系统思维的思考方式来解决问题。上一节我们通过学习如何用系统化思维的 6 个主要步骤去解决问题。本节会介绍系统思维的一个有效的思考工具，那就是系统循环图。学会如何利用系统循环图可以帮助我们实现系统思维并解决复杂问题。

系统循环图可以把一系列的问题通过系统的认知用图形表达出来，从而梳理清楚系统中的复杂关系，加深对真实系统的理解，进而给出问题的解决方案。绘制系统循环图的过程可以加深我们对系统的思考和认知。

系统循环图强调每项事物都和其他事物联系在一起。例如，部门管理者收到一个项目投诉，项目没有按照工期交付。 如果按照线性思维分析会认为是设计师延误时间导致没有交工，其实原因有好多种，有可能是产品经理需求变更，或者是人员短缺，或者是不断的返工要求，或者是设计师的工作效率不高，这些都有可能是导致延期的原因。 如果我们按照系统思维的方式，就应该有个思考的维度，不能只从单一的原因到结果来判断延期的问题。

邱昭良博士在《如何系统思考》一书中总结出来了一套系统循环图的绘制步骤，在设计管理中分析问题时可以加以应用，具体有以下 4 个步骤。

步骤 1：找问题

把问题罗列出来，写出需要解决的问题。

步骤 2：找原因

找出出现这个问题的原因有哪些，在问题的周围写出几条原因。可以使用上节提到的 5W2H 分析法或鱼骨分析法等工具，去分析问题可能出现的原因。

步骤 3：找结果

找出这个问题可能导致的后果有哪些。

步骤 4：找回路

所谓回路，简单说就是一种闭合的因果循环，就是把产生这个问题的原因和导致的后果关联起来,看看是否存在回路。如果有，可以用带有箭头的直线标记出来，从原因指向结果，如果原因和结果之间是增强的关系，在箭头处标记一个加号，代表是正反馈回路，如果原因和结果之间是削弱的关系，在箭头处标记一个减号，代表是负反馈回路。这样就可以得出这个回路是正反馈回路还是负反馈回路。

系统循环图是通过事物之间的反馈关系，当很多增强的要素加在一起就会产生自我增强性的反馈，随着时间的积累，这种力量也随之增强，这就形成了不断增强的循环系统。如果系统中存在不利于成长的回路时，就需要通过调整回路的强弱，来实现系统之间的平衡。

案例应用：小明在一家公司担任设计部门的负责人时，发现设计师每天都在努力工作，但产品的设计质量还是很差，于是他用系统循环图（见图8-3）分析了导致设计质量差的原因。

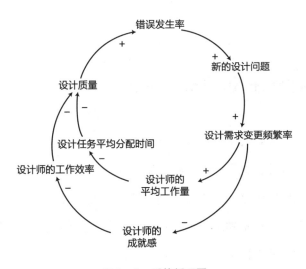

图8-3　系统循环图

如图 8 - 3 所示，设计质量差，就会导致错误发生率上升，于是就产生了新的设计问题，那么设计需求变更频繁率就会增大，设计师的平均工作量也会增大，从而使设计任务平均分配时间减少，最后导致设计质量下降。另外设计需求变更频繁率增大，还会导致另外一个问题是设计师成就感下降，从而导致设计师的工作效率降低，最终也影响到设计质量。

要想解决图 8 - 3 所示的两个恶性循环的问题，我们就需要分析哪个因素通过变量的调节可以使恶性循环得到缓解并把它变成良性循环，通过一些调节让恶性循环起到刹车的作用，阻止这个循环的发展，从而将问题变到可控的范围。针对图 8 - 3 的实例，我们可以在"设计质量"这个因素上进行调节变量，通过设计品控来提升设计质量，从而降低错误发生率。当然，也可以在其他因素上来调节变量。比如，对"设计需求变更频繁率"进行调节，对需求进行统一的控制、做好计划的管控等。总之，对可能通过影响变量的因素进行调节，使系统循环变得可控，从而达到解决问题的目的。

8.4 构建结构化的知识体系

互联网时代，我们获取信息的渠道非常多，如书籍、专业论坛、设计大咖的分享、设计沙龙、专题讲座、微课等。这些信息大多是碎片化的，学了很多知识感觉水平还是没法提高，还有些设计师经常抱怨"我要学习的东西太多了，但却不知道应该学什么"。产生这种困惑的原因在于缺乏完整的、结构化的知识体系，这样就很难清楚自己要学习的知识和技能的范围，也就不知道掌握了哪些和应该如何去学。这样的话，就只能碰到问题"临时抱佛脚"，碰不到问题的时候就不知道该学什么，该如何做知识储备了。而当知识体系建立起来之后，我们就会清晰地知道自己需要学哪些知识，每次有新的知识应把它沉淀到、填充到知识体系中，这样构建的知识体系就会越来越完整。

越是碎片化时代越需要系统性学习，知识体系也是一个完整的系统，需要用系统性思维的方式了解清楚各个构成要素，去构建设计师的结构化知识体系。这样才能由被动学习转为主动学习，有方向、有步骤地获取自己所需要的知识。

以下 3 个步骤可以帮助我们构建结构化的知识体系。

步骤 1：明确学习目的

首先要明确学习的目的是什么，不同阶段的设计师，学习的目的不同。刚毕业的大学生可能需要学习设计工具，而工作几年后，不仅要精通设计软件还要学习提升自己的思维和创新能力。如果由设计师转为产品经理，目的就可能就变成提升产品规划能力了。每个领域或阶段的知识体系的内容是不一样的，因此首先要明确学习的目的是什么，要先为自己选好方向再来构建知识体系。

步骤 2：构建设计师自己的能力模型

根据个人能力模型搭建出个人知识体系架构，图 8-4 所示为一位交互设计师的知识体系示例图，设计师可根据自己的领域用思维导图的方式画出知识体系。

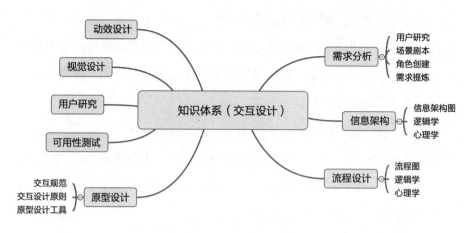

图8-4　知识体系示例图

步骤3：建立笔记本并对内容进行归类和分组

信息碎片化时代我们一般习惯是把有用的信息收藏起来，但从来不去整理，收集到的信息都是包罗万象，也没有搭建笔记本体系。不去做任何的分类，等收藏的信息越来越多，突然有一天想找一个资料就像大海捞针。因此，建立自己的笔记本体系显得尤为重要，对知识内容进行分类是我们掌握知识、把握知识的有效途径。

市面上有很多笔记本应用的 App，可以使用印象笔记或有道笔记建立一个信息架构的全景图，对知识进行分组和分区，笔记本整理的体系最好简洁，方便查找。

知识的分享和持续更新

通过上面3个步骤，我们可以搭建一个自己的知识体系结构库，将学到的知识快速地归纳到这个知识体系中去，这样信息就不再是零散的知识点了，使用笔记本应用的 App，随时随地采集信息，可以通过手机保存，同时这些资料会同步到各个终端中，实现知识的持续不断。

在知识积累的过程中，我们应该多做分享，跟同事或者同行多探讨交流。知识输出和分享的过程，会让我们有更大的收获，不仅可以巩固自己的知识，而且可以通过不同的思想交流，碰撞出新的火花。

构建知识体系一定要思路清晰，通过选定一个领域去搜索这个领域的信息，可以利用网络、书报、杂志、文章、电子出版物等，然后再不断积累专业领域的知识，在实践中完善设计师的知识体系。知识体系的建立是一个循序渐进的过程，只有设计师养成习惯慢慢积累，才能达到想要的目标，在实践中总结方法，形成自己的设计风格，并且不断修正、完善自己的知识体系。

8.5　用系统性思维来设计产品

在做产品设计时，我们可以通过系统性思维的一些设计方法来提高独立思考和闭环设计的能力，从而能够高效地进行有逻辑、有条理的问题分析和方案设计，帮助自己和团队成员最终合理解决设计相关的问题。

那么当我们接到一个设计需求时该怎样思考呢？接下来我们以一个界面设计类的需求出发，通过对每个设计阶段的步骤分析，来阐述一下如何通过系统性思维的设计方法来对产品进行设计落地。

用系统性思维对界面类的产品设计时，通常需要 6 个步骤。分别是：

需求分析、用户分析、竞品分析、设计分析、概念草案和设计规范库。

步骤1：需求分析

需求分析阶段包含原始需求收集、分析及确认。

收集原始需求时务必要把握一个原则，即尽可能地接近最原始的需求信息。可以通过录音、拍照、录像、文字等方式记录下原始需求。需要找需求方收集并记录下来的原始需求一般有：原始需求相关的内容是什么？目标用户群体有哪些？设计目的是什么？产品的表现形式是哪些？需求所需要的素材清单有哪些？涉及的关键词有哪些？可能的使用情景是什么？

根据收集到的原始需求去查找相关资料进行分析和理解。针对原始需求进行分析时，要考虑需求方是不是一级需求方以及该项目的时间工期、项目背景、设计目的、目标用户、产品表现形式等。一方面通过充分理解需求内容，透过现象看本质，另一方面防止出现理解偏差，所谓"一千个观众眼中有一千个哈姆雷特"。

最后一定要将需求解读后的内容找需求方进行确认，留底存证，方便后续的工作。

步骤2：用户分析

用户分析就是要明确我们的产品是为谁而设计，要了解其心理、行为特征以及各类属性特点，目标用户画像越精准，产品设计越能符合目标用户的需求。

案例应用： 小明收到一个设计需求：做一张海报，需要张贴在电梯间，目标用户群体是互联网的女性用户，设计目的是宣传一款女性杂志App

的产品，增加产品知名度。需求方给出的关键词是温暖、互联网、粉红色、美丽。

　　产品的目标用户群体是"互联网女性"，我们先分析这部分用户群体的心理和行为特征。互联网女性大多喜欢分享，经常会分享生活中的点点滴滴，遇到问题也喜欢到网上求助，肯定也喜欢上网，对网络上的设计元素都很熟悉。那么从心理和行为特征获得的设计启发有：在设计风格上，紧跟时代潮流，保证设计元素与当前的流行趋势保持一致；在页面设计上，要营造一种温馨、温暖的，能够让女性用户愿意吐露心声的感觉。

　　现在目标用户画像已经明确了，18岁以上的女性，喜欢独立、温暖、活泼、明亮，偏爱粉红色，追求时尚、潮流，熟悉网络，能够手机扫码。从这些属性中可以获得的设计启发有：页面设计要考虑女性的柔软、曲线之美；设计风格需要偏明亮，保持积极、活跃的特点；设计色彩以粉红为主，走粉红系风格；设计元素采用现代化元素，场景则偏简洁、舒适；设计界面则要突出倾诉、分享的含义，营造出一家人互相关爱的感觉；设计元素还要以互联网的风格展示，设计画面与文案结合，要让广大女性用户获得亲切感；界面设计中要有下载女性杂志 App 的二维码展示。

步骤 3：竞品分析

　　根据之前的需求分析和用户分析获得的资料，这一步需要进行竞品收集、选择、分析和提炼。

　　竞品收集主要是收集海量对设计有直接或间接参考价值的竞品。可以通过关键词在各个市场、渠道、搜索引擎、专业网站等寻找竞品。竞品不只是应用也可以是实体产品、服务、概念等，凡是能够给予我们设计启发的都可以算是竞品。例如，可以通过用户访谈去获取设计元素的参考点，也可以通过目标用户的特征分析来提炼设计关键词，继而收集相关联的竞品。

竞品选择是从收集的竞品当中筛选出可参考的价值点。例如，针对收集的竞品进行分类，可分为同类竞品、行业竞品、直接竞品、相似竞品等，然后再从交互、界面风格、产品功能等出发，提炼出不同维度的可参考的价值点。

竞品分析与提炼要求比较高，要把握到需求的重心，将竞品打碎，提取对设计有帮助的点以及设计中要规避的点。例如，可以从产品介绍（阐述选择原因、设计元素分析、产品寓意或含义、产品理念、使用场景）、可参考的设计点（能应用到设计中的配色、造型、图形等）、要规避的设计点（在设计中要规避的配色、造型、图形等）等出发进行竞品分析和提炼。

步骤4：设计分析

这一阶段包含设计发散、收敛以及设计方向的确定。

通过需求分析、用户分析和竞品分析获得了多种资料，这个时候可以无拘束地将设计的思路扩展、发散。通过关键词发散来获得更多的设计启发和创意点子。关键词可以从需求分析、用户分析、竞品分析阶段获取，将得到的关键词以头脑风暴的方式进行设计发散。 如果最开始没有想法，可以通过关键词的词典定义来获取灵感，然后以物化映射、视觉映射、心境映射的方式去获取创意点子。这个时候要追求数量，越多越好，大量的设计点才能为最终的设计方案提供充足的养料。

案例应用：接着上面的设计案例，通过关键词进行发散（见表8-3）。

表8-3 设计发散

关键词	头脑风暴-设计发散（根据关键词头脑风暴，产生衍生关键词进行设计发散）				提炼重点（风格调性、色彩、排版、图形图像）
	词典定义	物化映射	视觉映射	心境映射	
温暖	天气温暖、使人感到温暖、温存、温馨	家庭、舒适的衣物、聚会	春天、室内、暖色、淡雅、精致、层次、拥抱	温馨、放松、和谐	家庭聚会场景
互联网	网络与网络之间所串连成的庞大网络	手机、平板电脑、笔记本	互动、沟通交流、购物、社交	黏性、安全感	手机、笔记本
粉红色	由红色和白色混合而成的颜色，通常也被描述为淡红色，但是更准确的描述应该是不饱和的亮红色	年轻女性、小公主、裙子、小红鞋	粉色、干净、绯红、浅紫、女性气质	年轻、少女心、积极、开朗、天真	粉红色为主色、裙子、配色为粉红色的邻近色
美丽	好看、漂亮，即在形式、比例、布局、风度、颜色或声音上接近完美或理想境界，使各种感官极为愉悦，对自己来说是视觉的享受	优美的身姿、大长腿、白皙、高挑、时尚的装扮、曲线、牛奶	明亮的颜色、纯色、白、光滑细腻、视觉享受	喜欢、快乐、舒畅、兴奋	人物形象符合现代女性普遍审美，高挑、腿长、皮肤白皙；海报元素可以适量增加柔美曲线

经过设计发散后，我们最终是为了拿出设计方案，所以要进行设计收敛，需要从设计目的、设计中要解决的痛点分析、环境因素分析、对设计

启发的影响等几个维度对发散的内容进行收敛。利用已有的资料、设计主旨以及自身的经验、理解、见解逐步引导到条理化的设计方案中，并确定最终的设计方向。

案例应用：继续接着上面的设计案例，我们进行设计收敛，对选用的设计元素的自身特性分析（见表8-4）。

表8-4　设计收敛

设计目的	设计中要解决的痛点分析	环境因素分析		对设计启发的影响
		对选用的设计元素的自身特性分析	环境对选用的设计元素的影响	
宣传女性杂志App，增加知名度	激起年轻女性的兴趣，引导更多的人扫码下载并使用女性杂志App	1）女装类：着重突出女性柔美、青春、靓丽的特点，色彩上也要求鲜艳、简洁、明快一些，粉色、紫色、绿色、黄色、红色为主； 2）通过明暗对比，以及噪点设计，可以让画面看起来层次感更强，能够更容易获取整个画面要传递的含义	主要张贴在电梯间，光线略暗，空间狭小，用户与海报距离近，所以使用的颜色相对较柔和，避免引起用户的反感情绪	1）主风格要延续产品的基调 2）需要采用CMYK色彩模式 3）需要尽快进行概念草案的输出与确认

确定了最终的设计方向为：

温暖（以暖色为主，融入家人团聚的场景）。

互联网（画面融入互联网元素）。

粉红色（以粉红色为标的色，延伸出若干色阶，在图中展示出色彩的层次感）。

美丽（人物形象生动、有活力、青春靓丽）。

步骤5：概念草案

上一步确定了设计方向，这一步就要进行概念草图的输出了，最好能够对草案进行设计说明，包含形态设计、颜色设计、设计寓意等。通过概念草案的设计说明可以帮助我们给需求方清晰地讲述设计方案，增加设计方案的通过率。尝试产出几套概念草案，以供需求方做出AB稿的选择。

步骤6：设计规范库

概念草案通过后，就需要对设计产出进行一系列规范总结，并整理到设计规范库，以便为产品延展设计提供指导和帮助，也保证了后续设计的一致性。比如，设计的主风格、配色方案、产品排版或布局、字体或字号规范、产品的尺寸、使用规范、资源文件、版权信息等。

前文描述的系统性思维的设计方法并不是万能的，但是这个设计方法是大量设计经验的总结和提炼，通过系统性的思维方式来充分利用和整合各种资源，全方位运用各种设计管理手段，应用流程化的管理把各项设计步骤贯穿于整个设计工作，形成一整套的设计管理体系。 这套管理体系可以在设计思维、设计流程以及设计规范中帮助设计师，可以指导设计师灵活运用碎片化和穷举法的思维发散方式，并通过系统性思维的养成，去设计产品、打磨产品、完善产品。

设计师的宣言

读到这里，你可能会认为系统思维仅仅是一种机械的、模式化的思维方式。其实不然，人们所创建的系统都会有人的精神蕴藏其中。本章笔者将给大家分享上升到"精神实质"的思想。

优秀的设计师不单单需要有丰富的知识，更重要的是要有丰富的精神世界。

9.1 让我们为系统找准方向

在前面的章节中你会发现我强调最多的就是系统的"目标"和"范围"。有人曾说，方向选对了就成功了一半。我想说的是，方向选对了有可能成功，但方向选错了就注定要失败。我们在设计一个系统的时候（这个系统可能是你的公司，可能是一款产品，也可能是你对自己的定位和规划）对目标和范围的制定就是在为我们的系统找方向。

有这样一个比喻：人生就像是在爬梯子，你在梯子上拼命地爬啊爬，最后当你到达了梯子顶端的时候突然发现这并不是你想要的。你想要的可能在另外一个梯子上。但是，已经没有机会重新来过了。在公司里面也是如此，如果决策者在方向上做了错误或不恰当的选择，那么投入的时间和人力越多走偏得越远。

设计的理论知识是一种方法，多了一种方法就多了一条道路，但是这条道路会把你带向哪里，就需要你自己来掌舵了。

曾经，我想成为一名工业设计师，觉得设计新的产品是一件很酷的事情。但是，有一天当我真正拿到自己做的产品的时候，突然在想我到底在干什么，是在为这个地球增加一件新的垃圾吗？人们真正需要的东西其实并不多，一日三餐、新鲜的空气、洁净的水。但是地球上的垃圾却不少，从而引起的生态系统的问题也越来越严重。**因此，设计师需要更加系统地**

审视产品，要看到产品未来会带来的影响。

我常常在想：什么才是真正的"挖掘用户的需求"。很多时候，我们并不是在"挖掘用户的需求"，而是在"引诱"用户成为更加贪婪、纵欲、没有节制的人。我们是真的在为我们的用户着想呢，还是最终只是为了满足我们自己的私欲？

后来，我成为一名交互设计师、体验设计师。我发现，比起实体产品更加可怕的是，软件产品影响的是人的心智。这种影响可以是正面的，但也可以是负面的。**如果不好的实体产品带来的污染是大自然的污染，那么不好的软件产品带来的将是人心智上的污染，而且这种污染的扩散速度非常快，扩散的范围也非常广。**

"设计的意义不单是满足当前的需求，设计还会形成和改变社群。"我们每一位设计师都应对设计伦理有深入的思考。

看到这里，你可能会有一种"大跌眼镜"的感觉。我猜测当你看到"让我们为系统找准方向"这个标题的时候可能觉得我会介绍一些让系统成功的方法。

但是，在这里，我想让大家思考的不是"如何让系统成功"，而是"到底什么是成功"。因为这个问题直接关系到我们是依靠什么来做出决定。作为设计师的我们，除了要去思考"如何做好设计"，更要去思考"应该设计什么"。

"应该设计什么"归根结底取决于我们设计的动机是什么，动机取决于你的人生观和价值观，取决于在你的内心深处认为什么是最重要的。

我发现，公司的设计师的职能和权利往往最能反映这是一家怎样的公司。有句话叫作：**从他人的需求里发现自己的责任**。这正是设计师最需要做的事情。就是从目标用户的需求里发现有哪些"我"可以去做、去改善的事情。**可以说设计是最能反映公司良知的工作。**

当然了，仅仅有好心是不够的，因为好心干坏事的事情有很多。例如，为了解决沙漠地带的生态问题，地方政府曾经花费大量的人力和物力来植树造林。有些地方甚至铲除了当地原有的草皮而栽种上树苗，并且强制要求当地村民贱卖掉所有的羊。很多年以后，几乎没有树存活下来，村庄反而更加地贫困了。

这就是一个好心干坏事的例子。如果决策者缺乏智慧，即使出发点是好的结果可能也是坏的。

这也是为什么我觉得系统思维是一种十分重要的素质。它能够帮助我们以一种更加全局、长远的视角来看待问题。

9.2　让我们设计有良心的产品

这是一个技术发展日新月异的时代，每天都有无数的新公司成立、新产品出现、新技术投入使用，每天也有无数的公司倒闭、产品夭折、人员被淘汰。许多人在这样的潮起潮落中感到恐慌、焦虑、不知所措。恐慌自己会被时代所淘汰，恐慌自己跟不上时代发展的步伐。

但是，在潮起潮落之中，在技术日新月异的变化之中，有些东西是很难改变的，也有一些东西是不会改变的。这里面有亘古不变的真理，有东方、西方文明所追寻的"道"，也有人的软弱。

曾经有人说：To B 的产品并不需要注重用户体验。他们认为 To B 的产品对于终端用户并不重要。但是，用户体验是衡量产品质量优劣的角度之一。殊不知，**早在人类历史上有生产和买卖的时代就有只为了赚钱，昧着良心做产品的小商贩。**

现在互联网产品都在讲用户体验设计，但是有些生活日常品还是很难用。

史蒂夫·乔布斯曾说，设计是人造产品的根本灵魂。**如果连我们的"根本灵魂"都腐坏了，又怎么做得出好的，甚至伟大的产品呢？**

现在有些人总是绞尽脑汁地发挥着自己的"小聪明"，只为一己私利。有人会说：其他所有人都是这样啊，如果我不这样做，不就吃亏了吗？但是，苏格拉底说过，**有尊严地活着，最便捷、最稳妥的方式就是言行一致。**言行一致看似简单的四个字实行起来却没有那么容易。尤其是对于那些尝过耍"小聪明"带来甜头的人。殊不知，这些"小聪明"都是搬起石头砸自己的脚。这个"砸"何时见证只是时间的问题。

本书作者之一许迎春曾经跟我说："我希望自己是一束光，可能我没有办法照射到很远的地方，但是只要能把我周边的这块地方照亮就足够了。"我听到之后非常感动。

做正义的事并不是一件容易的事情。这需要牺牲眼前的利益，这也需要更伟大的力量支撑。

我们应该追寻除金钱、名利之外的，更高层次的东西。

孔子曾经说过：**君子喻于义，小人喻于利。**这句话的意思是君子看重的是道义，小人看重的是利益。但是，我们当中又有多少人在追寻道义呢？

当然，我们身边也有许许多多好的产品，这些产品让人们的生活变得更加便捷，更加幸福。

我们要坚信每一次努力的微光，不管多么微小，总会闪烁。

9.3 让我们逆流而上

在职场当中，还有一些很不好的现象，值得我们每个人警醒。

可能因为金钱压力，我们会害怕失去我们的工作，因此会忍不住去不断地揣测上级的想法。在某种程度上来说，这是好的，也是需要的。但是，作为设计师的我们，如果仅仅依靠揣测"上级"的想法来做事，那么对于公司和个人来说都是十分危险的事情。

在前文中，我们谈到过：**有时候，问题出在系统本身**。如果这是一个部门与部门之间恶性竞争、钩心斗角的系统（公司），那么员工的精力都被消耗在"内部"。就如同在战乱时期，内乱不断的国家很难抵挡外敌。如果这是一个一人独大，其他所有的员工只能服从的"独裁"系统，那么这个系统的命运就被完完全全地压在了一个人身上了。

面对这个问题，我觉得华为还是做得非常不错的，每个团队有自己的负责人，并且权力下放的制度上也相对完善。

但是，话说回来，世界上又怎么会存在完美的系统（公司、团队）呢，每个团队和公司都会存在这样或那样的问题。我们的生活、精力时常被琐碎的、毫无意义的"杂事"所累。可能有时你发现产品中存在重大问题，但是因为手头上有太多的工作而没有精力和勇气去做出改变。可能你偶尔买了一本觉得很不错的书，决定有时间就来读读，但是最后发现几年之后它一直没有被打开过。可能你曾听到过一些十分重要的道理，但是生活的"重担"让你一直没有时间去认真思考和体会。

就如同这个撒种的比喻：从前，有一位农夫，他有许多的种子需要播种，有的种子撒出去后落在了路旁，被人践踏，天上的飞鸟飞过来把它们吃了；有的种子落在了磐石上，刚刚发芽后因为缺乏水分和营养而干枯；有的种子落在了有荆棘的非常肥沃的土壤里面，但是随着种子的发芽、生长，荆棘也在生长，而且荆棘长得比种子还要快、还要好，结果是种子发出来的枝芽因为接受不到阳光雨露，被荆棘挤压得慢慢枯萎而死去。我们心中突然发出的一些好的念想就是这种子——想要让产品做得更好的念想、想要提升自我而不断学习的念想、想要追寻永恒之道的念想。而来自公司和社会文化的压力与矛盾、来自我们内心的惶恐与焦虑、让金钱蒙蔽了我们双眼的不知所措——这些就是同样生长于我们心中的荆棘。

这个农夫撒种的故事还没有讲完：农夫撒的这些种子当中，还有一些为数不多的种子落在了非常肥沃的土壤里面，这个土壤里没有烦人的荆棘。种子在这样的土壤里生根发芽，长成了巨大的果树，果树上结了好几百倍的果实。

除去人生的荆棘，让种子在我们心中生根发芽，结百倍的果实。除去时代的陋习，拒绝随波逐流，永远逆流而上！

9.4　让我们一起创造知识

铺天盖地的网络资讯很容易让人恐慌。在设计和互联网领域，经常会有一些新的名词蹦出来吓你一跳。在工作中，也经常会有设计师为了表现自己很专业而满嘴冒着这些新名词。但是，**资讯不等于知识，知识不等于**

智慧。

由于交互设计、用户体验设计这样的专业还比较新，因此很多设计师都是边学边做，边做边总结。因而，很多设计类文章、书籍、宣讲都是来自于全职的设计师们。某种程度上来说，这是一种很好的现象。但是，这也会存在一定的问题：由于设计师的工作一般都比较饱和，很难有时间阅读大量的专业书籍，因此撰写出来的文章普遍会很难上升到一定的高度（很多文章和想法都是某些国外新兴的设计理念的实践，而不是理论的推进）。

并不是说全职的设计师不适合做理论研究的工作。而是，我们需要更好的环境，更好的心态来做设计的理论研究。

"做学问，是一点一点地积累，在他人工作的基础上，拨开前面让人看不清楚的杂草，细细地分析；用理性拷问自己，拷问先人；然后，向前小心翼翼地放一块小小的新石头，让后人踩着，不摔下来。"

——来自美国克瑞顿大学（Creighton University）的袁劲梅教授

这里是一种做学问的态度：细致并且尊重前人。

在美国读研的时候有一位老师曾经对我们说："**你们来这里不是为了学习知识，而是为了创造知识。**"我感到很受鼓舞，这是一种对于知识的开拓精神，对于知识和真理渴望的精神。在这里，我也想把这句话分享给正在阅读本书的你：**你们阅读这本书不仅仅是为了学习知识，更是为了一同为知识的发展做出贡献。**你们在阅读本书的时候不应是被动地吸取知识，就如同在前面的教学与学习模型里面的被动吸收知识的学生。你们应是主动地、辩证地看待我在书中所分享的知识，并且结合自己的实践来验证和总结知识，再"向前小心翼翼地放一块小小的新石头"。

还有一点我要坦诚地告诉大家：在前文中所讲述的系统思维相关的知识很多地方都是不完备的，很多的知识并不是真理，知识也不是不可改变的。我发现我们很多人的思维方式都是把知识奉为圭臬。然而，知识是需要我们不断地揣摩，不断地实践的。这也是我写这本书的期望之一——我希望大家能够一起创造知识。如果有人可以有理有据地否定这本书中的一些观点，我觉得这也是一件十分值得称赞的事情，因为只有不断地碰撞、交流，才能进步。如果有许多人都能够"向前小心翼翼地放一块小小的新石头"，那么这将会是一个更加宏伟的知识殿堂。

9.5 让我们成为思想领袖

读到这里，你可能会觉得：我只是想学习一些设计相关的知识，什么精神上的东西对我来说并不重要。

在读研究生期间，最让我不知所措的一门课程叫作 Media Matters（可以翻译为"媒介的问题"或"媒介的重要性"）。有两位授课老师，其中有一位是年迈的老师，他最喜欢深更半夜和我们一起讨论一些哲学问题，每次上他的课我都感觉很苦恼，因为一般都会上到晚上 11 点。而且他让我们看的文章都是非常晦涩难懂，我们花费最多时间研究的书籍是福柯的 *The Order of Things*（《词与物》）。可能因为是法语翻译成英语，而英语又是我的第二外语，所以对这本书的解读让我非常头疼。但是，与这位老师讨论的过程中我渐渐发现在思想上会有新的收获，对以前的认知也会有新的感悟。有一次我们谈论到神学与哲学之间的关系，他有些观点我不认同，回家后我就和我先生开始讨论起了这些问题。我和我先生都一致地认为**"哲学是提出问题，而神学是问题的答案"**。当然，这种答案有对错之分。带着讨论的结果，我在课堂上就和这位老师展开了激烈的讨论。没想到，我的积极思考和参与得到了老师的充分肯定。这是一门类似于设计哲学的课程。后来我才了解到，这是系里面认为最重要的课。虽然这样的课程和这样的思考过程非常艰难，但是这里面所涉及的问题都是非常重要的。当然了，他们并不是强制地灌输我们一些东西，而是在告诉我们，**对于优秀的设计师来说，对于哲学和神学层面的思考是非常重要的**。他们只是把这些重要的东西摆在我们面前，希望我们能够得出自己的见解。

因为对于这个层面的思考可以告诉我们该做什么，不该做什么。可以告诉我们该设计什么，不该设计什么。可以让我们更加深刻地理解文化与人性。

现在太多的人，太多的设计师只会去思考设计技能层面的问题，而不会去思考思维层面的问题，更加不会去思考思想层面和精神层面的问题。其实，以前我也是这样的人。在华为工作的期间我感觉到自己非常缺乏交互设计方面的知识，所以想去美国硅谷——交互设计的发源地去寻求这方面的知识。但是后来我发现，我们最缺乏的不是设计知识。

这个时代缺乏的是思想领袖。我并不是指那些有钱有权的人，而是那些能够正确引领人们思想的人。

在去美国的第一个暑假里，老师带我们去现场听了一场斯图尔特·布兰德（Stewart Brand）的演讲，我感触颇深。他是影响了史蒂夫·乔布斯他们这一代人的思想领袖。大家对这一句话可能比较熟悉："Stay

Hungry，Stay Foolish."（中文可以直译为"保持饥饿，保持愚蠢"，也有人翻译为"求知若饥，虚心若愚"）。这句话深深地影响了乔布斯，而这句话就是斯图尔特·布兰德所创办的杂志 *Whole Earth Catalog*（《地球概览》）某一期封面上的一句话。我听他演讲是 2014 年，当时斯图尔特·布兰德已是 76 岁高龄。一位 76 岁的老人，还在台上努力地影响着一代又一代的人。曾经有人说过这么一句话：别人总是问我为什么不退休。退休是为了干自己喜欢干的事情，而我已经在干自己喜欢干的事情了。我觉得这句话应该是可以传达出斯图尔特·布兰德的心境。

这个演讲非常震撼。他的所作所为正是印证了"Stay Hungry，Stay Foolish"这句话。这是一种对知识和真理一直保持好奇心的生命状态，这是一种有着强烈的社会责任感和使命感的精神状态。曾经有一些三四十岁的人跟我说："我感觉我已经错过了学习和成长的最佳时间。或者说，我感觉读书完全读不进去，怎么样都不能集中精力。"我想说的是，每当你这样想的时候，试着去想一想这句话：有些人虽然活着，实际上已经死了。归根结底，这是思想、精神、信仰层面的贫瘠。

这是一个人们甘愿做金钱和生活的奴隶的时代。什么是奴隶？奴隶就是没有思想，别人说什么，你就做什么。奴隶就是只为了那些残羹冷炙，甘于阿谀奉承、昧着良心说话做事。奴隶就是任凭血肉之躯的欲望驱使，失去了真正的自由。

你可能会说："我只是一个非常非常普通的人，'思想领袖'这种高尚的人又怎么会是我呢？"

其实，思想领袖也可以是一位看似非常平凡的人。

1995 年，南密西西比大学收到了一笔 15 万美元的捐款。捐款人希望这可以作为那些付不起学费的学生的奖学金。15 万——这并不是一个庞大的数字。其实，对于这所学校来说是一笔非常普通的捐款。然而，当人们知道这笔捐款来自于一位什么样的人的时候，它就没有那么普通了。

她是一位终生为别人洗衣服和熨衣服的 88 岁老妇人，是位黑人，她的名字是奥莎拉·麦卡迪（Oseola McCarty）。为了养家糊口，她上到小学六年级的时候就辍学了，此后的 75 年内，她都在贫寒的小木屋里为他人洗衣服，她的双手也因这样劳苦的生活变了形。88 岁时，在得知自己患上癌症后，她决定奉献毕生的积蓄来帮助毫不相干的陌生人。这些都是源于她坚实的信仰。

这在我们常人看来是难以置信的，很多人都认为只有富翁才会捐钱给别人。但是就是这样一位平凡的老妇人，她成为一名真正的思想领袖。

其实，每个人的心中都会有一杆衡量得失的秤，总会觉得付出了多少就一定要得到多少的回报。当付出没有得到对等的回报的时候，就会开始喊冤，觉得世界待自己不公，并且会通过各种手段来填补心中的不平感。但是，奥莎拉·麦卡迪并没有这样。虽然她一辈子劳苦，从来都没有享受过锦衣玉食的生活。但是她还是觉得自己应当奉献，应当给予。因为她明白**"施比受更为有福"**。对于一般人来说，心中的这杆得失之秤很难平衡，并且往往会觉得是"别人"亏待了自己。唯独信仰能平衡这得失之秤。

你可能会觉得：这辈子只能这样"碌碌无为"地过下去，那些"惊天动地"的事情离我太遥远了。

其实，思想领袖就是在平常的小事中体现出来的。

最近经常会有类似于某幼儿园的老师虐待幼童的报道，也会有类似于因为家长反对某老师管教小孩而教师离职的报道。老师、学生、家长之间的关系也是十分的脆弱和紧张。尤其是在幼儿园，家长生怕老师亏待了自己的孩子，而老师也是如履薄冰般，说话十分小心。

但是，我曾经见到过一位十分让人敬佩的家长。当时我女儿正在读幼儿园的中班，经常听到她提到他们班的一位女生，说和她是好朋友，特别喜欢和她一起玩。有一次，幼儿园举办活动，我第一次见到了她说的这位女生的妈妈。说实话，第一次见到她我还以为是一位奶奶或者是姥姥，因为她的年龄看上去有 50 多岁的样子。我女儿所说的这位好朋友是他们家的老二，老大好像已经上高中了。让我震惊的是她和老师在一起的时候并不是像其他的老师和家长的相处方式。他们班的老师们都特别"依赖"这位家长，是一种精神和思想上的依赖。有什么问题和难题都会来咨询她，她也会主动帮忙解决一些问题。当微信群里面出现一些矛盾苗头的时候，她都会站出来说话，把这些矛盾的苗头给熄灭。慢慢地，大家都非常尊重她，也经常一起探讨一些育儿经验，或者举办一些大家可以一起参加的小活动。

我记得她曾经说过类似这样的话：不要把老师对立起来看待，而是要一起来想办法让孩子的成长变得更加丰富多彩一些。

当班上有一批小朋友要毕业上小学的时候，她和老师，以及其他的几位家长，一起组织了一场小小的毕业茶话会。

那是一个美好而温馨的下午。傍晚的阳光斜斜地透过树叶的缝隙洒在柔软的草地上，一二十个小朋友围坐成一个半圆形的小圈，老师们精心地为小女生们编织了非常好看的头发，有些小朋友头上还带着他们亲手用树叶编织的小花环。半圆形小圈的另一边是一张桌子，桌子上铺着漂亮的粉色和白色相间隔的桌布，桌上摆放着精美的茶具和一小盆插花。可以看得出，家长和老师们花了很多心思来准备这些。有些家长分享了一些小诗和感言，有的小朋友表演了一些节目，也有一些家长在帮忙拍照留念。**出于美好的出发点做出来的事情往往也是十分的美好，并且这种美好还会被"传染"，甚至被传承。**

这位家长在这样一个小群体里面就是一位领袖。在某些方面，她就像一束光照亮了身边的人，照亮了黑暗。

很有意思的是，她的女儿在他们班上也是一位小领袖，有时候老师们还会"依赖"这位小领袖来管理班上一些调皮的同学。当有一些小朋友一直吵闹，这位小领袖就会喊："1，2，3！"瞬间所有的小朋友都会一起喊："请安静！"看到这样可爱的场景，站在一旁的家长都会忍不住笑出声。而如果是一位和小朋友混得不熟的老师喊"1，2，3！"的时候，就没有小朋友回应她。

其实，这就是一种领袖的思维方式和领袖的做事方式，并不是一种"旁观者"的态度，而是一种"主人翁"的态度，是一种在生活小事，工作小事中，主动发光发热，驱走黑暗的精神状态。

9.6 让我们为人生找准方向

中国古代的哲学家把人生道路分成了七个层次——奴、徒、工、匠、师、家、圣。

奴：非自愿工作，需要别人监督鞭策。

徒：能力不足但自愿学习。

工：按规矩做事。

匠：精于一门技术。

师：掌握规律，并传授给别人。

家：有一个信念体系，让别人生活更美好。

圣：精通事理，通达万物，为人立命。

第一个层次是"奴"。对于设计师来说，就是需求方跟你说要改个颜色，就不经大脑地照做。当领导在的时候，就坐在工位前好好地做设计，而当领导出差的时候，就"放羊"了。好像做任何工作都是为别人做的，没有监工就开始偷懒。其实，我们每个人都有类似的经历，在小时候，我们不太清楚为什么要学习这么多"无聊"的知识，所以会想尽办法地偷懒，需要老师和家长的监督。但是，稍微有些头脑的人会马上进入第二个层次。

第二个层次是"徒"。"徒"相比于"奴"最大的区别是原动力来自于内心而不是来自于别人，是有一种想要学习的意愿。这个时候，你可能已经找到了这份工作或者这个领域的乐趣，也有可能已经找到了未来的职业规划，想要追求进步和成长。

第三个层次是"工"。这个时候，你可能已经掌握了一定的知识和技术，知道怎么样循规蹈矩地做好事情。就像大的系统下面的一个组成部分，你可以胜任其职。这个阶段也是每一位设计师都会经历的阶段，我们在学校，或者工作当中学会了设计软件的用法，并且你还可以做出一些合格的设计作品。

第四个层次是"匠"。"匠"相比于"工"不一样的地方在于"匠"

的技艺更加精湛，经验也更加丰富，并且有一种精益求精的工匠精神。对于设计师来说，这个阶段的你对设计作品有了一定的要求，并且有一种不达到这个要求誓不罢休的心态。这也是一种不断地自我肯定、自我提高的过程。这个时候的你，熟练掌握设计软件早已经不是你的目标了，你所追求的是设计作品的优良，甚至你已经形成了自己的设计风格。

第五个层次是"师"。这个时候的你不单单精湛于设计的技术，你对设计也有了一些新的领悟，并且能够将这些领悟总结成理论知识。你可能不单单停留在"做"，更愿追求的是"想"。这个时候的你已经不单单满足于能够做出好的作品了，你会追求如何做出好的作品的"规律"。同时，你已经开始将这些知识和领悟传授给其他的人。看到这里，你应该可以体会到"美工"与"设计师"的区别。

第六个层次是"家"。"家"与"师"的不同之处在于"家"有着更加完整的知识体系，同时更重要的是，除了知识，有着更崇高的人生追求。这个时候的你，不单单有丰富的知识，还有丰富多彩的精神世界。不单单会去思考"如何做好设计"，更会去思考"要设计什么"。设计的动机不单单是为了赚钱，更是为了让别人的生活变得更加美好。

第七个层次是"圣"。纵观历史，极少有人可以达到这个层次。但是即便如此，我们应该了解这是一种怎样的状态，并且为之而努力。可以称为"圣"的人"精通事理，通达万物"。他们已经通晓世间万物的道理，并且以完成天命为己任。孟子说：保存自己的善心，养护自己的本性，以此来对待天命。原文是：存其心，养其性，所以事天也。

那么，你又是处在哪一个层次呢？

参考文献　REFERENCES

[1] Victor Papanek. Design for the Real World: Human Ecology and Social Change [M]. 2nd ed. Chicago: Chicago Review Press, 2005.

[2] Donella H. Meadows. 系统之美 [M]. 邱昭良，译. 杭州：浙江人民出版社，2012.

[3] Jamshid Gharajedaghi. 系统思维：复杂商业系统的设计之道 [M]. 王彪，姚瑶，刘宇峰，译. 北京：机械工业出版社，2014.

[4] Hugh Dubberly. A System Literacy Manifesto [J/OL]. RSD3 2014 Symposium, 2014. http://www. dubberly. com/wp-content/uploads/2016/02/systems_literacy. pdf.

[5] Hugh Dubberly. Cybernetics and Service-Craft: Language for Behavior-Focused Design [J/OL]. Dubberly Design Office, 2007. http://www. dubberly. com/articles/cybernetics-and-service-craft. html.

[6] Jesse James Garrett. 用户体验要素：以用户为中心的产品设计 [M]. 范晓燕，译. 北京：机械工业出版社，2011.

[7] Peter Senge. 第五项修炼：学习型组织的艺术与实践 [M]. 张成林，译. 北京：中信出版社，2018.

[8] 李岩峰. 企业成本控制论析 [J/OL]. 中国论文网，2009. https://www. xzbu. com/2/view-400805. htm.

[9] Norbert Wiener. 控制论 （或关于在动物和机器中控制和通信的科学） [M]. 郝季仁，译. 北京：科学出版社，2009.

[10] Sean Ellis, Morgan Brown. 增长黑客：如何低成本实现爆发式成长 [M]. 张梦溪，译. 北京：中信出版集团，2018.

[11] David Boyle. The Tyranny of Numbers: Why Counting Can't Make Us Happy [M]. New York: HarperCollins，2001.

[12] Claude E. Shannon, Warren Weaver. The Mathematical Theory of Communication [M]. Illinois: University of Illinois Press, 1964.

[13] Hugh Dubberly. Cybernetics and the Design of the User Experience of AI Systems [J/OL]. ACM Interactions, 2018. http://interactions. acm. org/archive/view/november-december-2018/cybernetics-and-the-design-of-the-user-experience-of-ai-systems.

[14] Ranulph Glanville. A (Cybernetic） Musing: Design and Cybernetics [J]. Cybernetics and Human Knowing, 2009, 16（3, 4）: 175-186.

[15] Hugh Dubberly. Cybernetics and Design: Conversation for Action [J/OL]. Cybernetics and Human Knowing，2015, 22（2, 3）: 73-82. http://www. dubberly. com/articles/cybernetics-and-design. html.

[16] Hugh Dubberly. 10 Models of Teaching＋Learning [J/OL]. Dubberly Design Office, 2009. http://www. dubberly. com/articles/10-models-of-teaching-and-learning. html.

[17] Susan L. Star, James R Griesemer. Institutional Ecology "Translations" and Boundary Objects: Amateurs and Professionals in Berkeley's Musem of Vertebrate Zoology [J]. Social Studies of Science, 1989, 19（3）: 387-420.

[18] Hugh Dubberly. A Systems Perspective on Design Practice [J/OL]. Dubberly Design Office, 2012. http://presentations. dubberly. com/cmu_systems. pdf.

[19] William G. Huitt. Maslow's Hierarchy of Needs [J/OL]. Educational Psychology Interactive, 2007. http://www.edpsycinteractive.org/topics/conation/maslow.html.

[20] 梁颖. 控制系统在交互设计和产品服务生态系统里的运用 [J]. 中国新通信, 2019, 21（3）: 45-46.

[21] Arthur G. Tansley. The Use and Abuse of Vegetational Terms and Concepts [J]. Ecology, 1935, 16（3）: 284-307.

[22] James F. Moore. Predators and Prey: A New Ecology of Competition [J/OL]. Harvard Business Review, 1993. https://www. researchgate. net/publication/13172133_Predators_and_Prey_A_New_Ecology_of_Competition.

[23] Internet Society. Internet Ecosystem: Naming and Addressing, Shared Global Services and Operations, and Open Standards Development [J/OL]. Internet Society, 2014. https://www. internetsociety. org/wp-content/uploads/2017/09/ISOC-Internet-Ecosystem. pdf.

[24] Hugh Dubberly. Connecting things: Broadening Design to Include Systems, Platfomrs, and Product-service Ecologies [J/OL]. Encountering Things: Design and Theories of Things, 2017. http://www. dubberly. com/articles/connecting-things. html.

[25] Arnold Tukker. Eight Types of Product-Service System: Eight Ways to Sustainability? Experiences from Suspronet [J]. Business Strategy and the Environment, 2004, 13: 246-260.

[26] 梁颖. 系统性思维在产品设计和体验设计中的应用 [J]. 中国新通信, 2019, 21 (04) : 205-206.

[27] Donald A. Norman. The Design of Everyday Things [M]. New York: Basic Books, 2013.

[28] Alan Cooper, Robert Reimann, Dave Cronin, et al. About Face: The Essentials of Interaction Design [M] . 4th ed. New Jersey: Wiley, 2014.

[29] Susan Weinschenk. 100 Things Every Designer Needs to Know About People [M]. Berkeley: Pearson Education, 2011.

[30] Susan Carey. Cognitive Science and Science Education [J]. American Psychologist, 1986: 1123-1130.

[31] Jeff Johnson, Austin Henderson. Conceptual Models: Core to Good Design [M]. San Rafael Morgan&Claypool Publishers, 2011.

[32] Chris Argyris. Teaching Smart People How to Learn [J]. Harvard Business Review, 2015, 69 (3) : 99-109.

[33] Joseph D. Novak, D. Bob Gowin. Learning How to Learn [M]. Cambridge: Cambridge University Press, 1984.

[34] Donald A. Norman. 设计心理学 3：情感化设计 [M]. 北京：中信出版社，2015.

[35] Louis Rosenfeld, Peter Morville, Jorge Arango. 信息架构：超越 Web 设计 [M]. 樊旺斌，师蓉，译. 北京：电子工业出版社，2016.

[36] Kevin Mullet, Darrel Sano. Designing Visual Interfaces: Communication Oriented Techniques [M]. New Jersey: Prentice Hall, 1994

[37] Dennis Sherwood. 系统思考 [M]. 邱昭良，刘昕，译. 北京：机械工业出版社，2014.

[38] 邱昭良. 如何系统思考 [M]. 北京：机械工业出版社，2018.

[39] Peter Drucker. 管理的实践 [M]. 齐若兰，译. 北京：机械工业出版社，2009.

[40] 万融. 商品学概论 [M]. 5 版. 北京：中国人民大学出版社，2013.

[41] 靳埭强，潘家健. 关怀的设计：设计伦理思考与实践 [M]. 北京：北京大学出版社，2018.